以青春的名义，我们长大

——44个事关人生的特别策划

尘衣 著

北京出版集团公司
北京出版社

图书在版编目（CIP）数据

以青春的名义，我们长大：44个事关人生的特别策划 / 尘衣著. — 北京：北京出版社，2016.1
ISBN 978-7-200-11887-2

Ⅰ.①以… Ⅱ.①尘… Ⅲ.①品德教育—青少年读物 Ⅳ.①D432.62

中国版本图书馆CIP数据核字（2016）第010216号

以青春的名义，我们长大
—— 44个事关人生的特别策划
YI QINGCHUN DE MINGYI，WOMEN ZHANGDA
尘衣 著

出　　版	北京出版集团公司
	北 京 出 版 社
地　　址	北京北三环中路6号
邮　　编	100120
网　　址	www.bph.com.cn
总 发 行	北京出版集团公司
经　　销	新华书店
印　　刷	北京画中画印刷有限公司
版　　次	2016年1月第1版　2016年1月第1次印刷
开　　本	787毫米×1092毫米　1/16
印　　数	1—20000册
印　　张	16.5
字　　数	250千字
书　　号	ISBN 978-7-200-11887-2
定　　价	36.00元

质量监督电话　010-58572393
责任编辑电话　010-58572757

版权所有　翻印必究

"这一站,青春"编委会

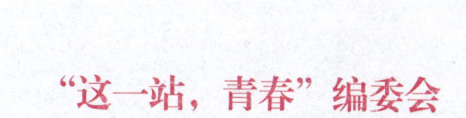

主　编: 熊名辉

副主编: 何宗焕　任理勇

- ☆ 还少男少女话语权
- ☆ 怎样主宰自己的人生
- ☆ 如何打造自己的人生新主张
- ☆ 亲子共读首选图书
- ☆ 师生交流优秀范本
- ☆ 扫描、透视与解构各种热点现象
- ☆ 侧重校园，关注社会

谨以此书
献给所有有主见的
青春追梦人。

世界再大，终将由我们主宰……

青春一把

尘衣

　　似乎还没回过神来，青春就从生命中悄然而逝，快得让人连嗟叹的余地都没有。唯一可供回忆的，是那件水红色的娃娃领上装配着深灰、浅灰相间的方格三角裙，和刚刚悄然凸出胸前的青春标志。那是一种骄傲与甜蜜更兼不安的意念，似乎就在某个黄昏，一个女孩笑着对我说出那三个字的赞美——"真好看"的时候，我的心柔柔地蠕动了一下，但迅即，像清晨第一次睁开惺忪睡眼的青虫，复又回到懵懂无知的状态，不曾醒来。到终于能大睁双眼时，天已经大亮，不知何时，有细细密密的皱纹开始亲吻眼角眉梢——青春，连个招呼都没来得及打呀，就这样匆匆离去！

　　但是走过的日子，总会有印痕遗留。看那些带着忧伤与甜蜜的梦想，或心遂所愿，或支离破碎。是缘于当初的不谙世事吧？回望青春，才发现并非所有异彩纷呈的画面背后，都会有一双强有力的臂膀来支撑。生命多么短暂，如同以柳枝在水上作画，瞬息无踪。如果不动手，那画面是不会出现的。既然明白这么浅显的道理，为何不用心描绘一番？青春的画面，当然应该是满眼斑斓！可是我当初并未发觉啊！那还犹疑什么，赶紧收拾心情，重新上路啊！

　　回望青春。在回望的过程中，愿你们和我一样，不再错过路旁无处不在的风景，让自己好好地青春一把，来一句最为情真意切的青春表达！

2006 / 08 / 12晚

前言

这是一本关于青少年青春解读与心灵主张的书，填补国内青春解读类图书空白。

倘遇暗室，一灯即明。

人的一生中挫折在所难免，特别是处于青葱岁月的青春期少男少女，很多时候会在人生的十字路口徘徊不前，更需要有人来给他们指点迷津，从而让他们迷雾丛生的前路柳暗花明。

现代青少年特别是都市青少年有相当一部分之所以情感脆弱，对前途充满恐惧，是因为他们处在一个和平的年代，没有或极少经历过战争、贫穷与饥饿等磨砺人性的自然与非自然的磨难，而现代社会的高速发展，又使他们不自觉地受到当下种种不可抗拒的诱惑与影响，譬如成人电影与电视、网络与随处可见的社会现象，加上课业的负担、友情的不可预知，以及对爱情的朦胧意识等，从而使得他们的心灵日益变得矛盾起来，处在一种充满了不解、困惑、苦闷、悲戚、向往与憧憬而难以自拔的状态，怎么也找不到一个心灵的出口。

本书由44个专题策划组成，扫描、透视与解构各种热点现象，侧重校园，关注社会，每一个策划一个主题，每一个策划解决一个我们成长时无法逃避的实际问题，内容健康、前卫、活泼有趣。同时邀请老师、同学、家长与社会人士参与讨论。

此书最大的目的是成为青少年成长的引路者，为他们的成长排忧解难，引领他们树立正确的人生观，使他们最终能够自知、自助、自救、自强，从而顺利、健康、无怨无悔地度过一生中最具可塑性、最美好、最纯真的年代。

本书的终极目标是将话语权还给青少年，因为只有他们才有权主宰自己的人生，才有资格打造自己的"人生新主张"。

本书为青少年问题研究专家、作家、青少年刊物知名记者、编辑、青少年的贴心朋友、青春解读人尘衣姐姐为广大青少年朋友浓情奉献的一份大礼。尘衣现为湖南教育报刊社《初中生》杂志的编辑、记者，负责制作该杂志最具影响力的栏目之一《新主张》，长期与青少年朋友打交道，有丰富的揣摸青春期少年心理活动的经验。更可贵的是，她永远有一颗纯美无瑕而又宽容无私的心，能够将所有孩子当成自己最亲爱的骨肉，包容他们，疼爱他们，与他们心心相印，深受广大少年朋友喜爱。另外，尘衣还曾主持大型名人专访栏目《尘衣之约》，与各界精英面对面。博大、辽远、纯美是她一生的追求。

本书引用了不少青少年的原话，更贴近青少年的心理与语言习惯，本书适于少男少女、家长、老师及社会各界富有爱心的人士阅读。

CONTENTS 目录

第一部分　青春与梦想

当透明的青春之门开启，刚刚苏醒的梦想呼吸一口清新的空气，踏着明快的韵律，悄然上路。

☆ 以青春的名义，我们长大 / 002

告别童年后进入青春期的我们，个头仿佛一瞬间便蹿得老高，所学的知识一天比一天多，心智也一天比一天变得健全……总之，我们正在以青春的名义，快速成长。

☆ 铿锵宣言：让自由在青春里飞翔 / 006

新的一年来临，青春的我们长大了。敲响希望的钟时，你的新年祈愿中，也包含了对自由的无限向往吗？你想要的自由，是怎样的呢？

☆ 速度！速度！出名要趁早？ / 013

一夜成名？拒绝庸俗地一路狂奔……互联网、新概念作文大赛、"快乐女声"、"美丽中学生"、"莱卡我型我show"……几乎就在一夜之间，关于成名的传统规则被轻易颠覆。有人追星，更渴望自己"速度"成为万人追捧的明星。他们上位的工具，恐怕名叫"想象"吧！

☆ **中国，你好！** / 020

　　中国——你好！
　　中国——你好！！
　　中国——你好！！！

☆ **国籍：中国** / 027

　　不要问国家为你做了什么，要问你为国家做了什么。生在中国不是我的选择，也不是我父母的选择，只能说是天意。在国际公法上，国籍是自然人对某国负有忠诚义务的根据，也是国籍国对其行使外交保护的根据。

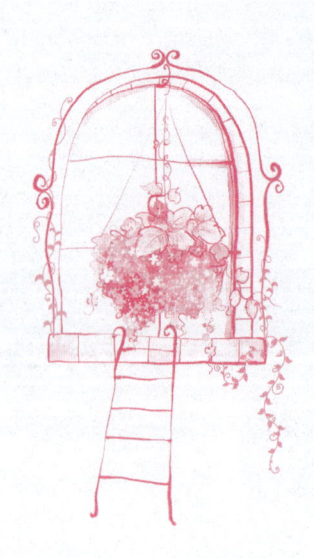

☆ **要怎样来爱国** / 032

　　爱国是一种态度，不是一双拳头；爱国是一种理性，不是一根铁棍；爱国是让自己的国家变得更好，不是去伤害自己的同胞；爱国不是泄愤，而是要先爱法治，是要让我们的基本公民权利得到尊重与捍卫。

☆ **你的梦，我的梦，中国梦（上）　你，就是中国** / 037

　　你是中国一个微小的细胞。你的形象就是中国的形象，走出家门代表"家"，走出国门代表"国"。到哪里都记得，你是中国人。

☆ **你的梦，我的梦，中国梦（中）　把梦，做进现实** / 043

　　一个你，十个我，千个万个中国人；一个梦，十个梦，万众一心中国梦。你的梦，我的梦，中国梦，世界梦。好梦是一粒基因优良的种子，经过精心培育，终会开出绚烂的花，结出香甜的果。

☆ **你的梦，我的梦，中国梦（下）　有梦，从双肩掠过** / 050

　　青春相伴，与梦同行。着纱"梦想"，心飞扬。嗯，再不做梦，就老了。

☆ 出生在90年代 / 055

　　我们的祖辈大多出生在20世纪四五十年代，我们的父母大多出生在20世纪六七十年代，而我们，在20世纪90年代降生，是新中国的第五代。或许我们的祖辈经历过炮火的洗礼，见证了新旧中国的更替；或许我们的父母经历过国民经济的兴衰，见证了综合国力的腾飞；那么出生在90年代、新世纪初的我们呢，经历过什么，又见证了什么？

☆ 撩开青春期性教育的神秘面纱 / 060

　　妈妈正在洗浴。隔着浴室的玻璃门，坐在客厅的父子可以模糊地看到妈妈玲珑有致的身体。爸爸不经意地说："看，你妈妈多漂亮啊。"儿子说："是的，爸爸。可是爸爸，为什么妈妈的胸和我长得不一样呢？"

☆ 嘿，博客旋风炫酷而来 / 067

　　我"博"，我酷！我"博"，故我在！随便取个名，申请个博客，我们就可以在上面记录自己每天的所思所想所疑所惑所笑所哭所静所闹，可以将个人的工作与学习情况、生活故事、思想历程等及时记录和发布，发挥个人的无限表现力……

☆ 迷信与邪教？我们说"不"！/ 072

　　处在最具可塑性的青春期的我们，由于主观认识上的偏差，或多或少地会经常受到一些落后的、错误的，甚至反动的社会意识的影响。值得警惕的是，这些思想会给我们的生命与健康带来不同程度的危害。

☆ 百变校园歌谣：有理由开出圣洁的花 / 078

　　我们都渴盼自己的生活能够多姿多彩，渴盼自己的心灵永远纯美无瑕，但是，倘若少了情趣俱佳的歌谣，少了这份美好且独一无二的养分，我们的人生，会不会增添一种无法弥补的缺憾呢？

☆ 日记，放歌生命的精神地带／082

　　从今天开始，认真地写日记吧，用你的笔你的心尽情地描绘出一个五彩斑斓的世界。让日记成为我们的精神家园，成为我们放歌生命的精神地带！

☆ 向右看齐，向前看！／086

　　"稍息、立正、站好"并非范晓萱所唱的那样轻松，阳光下的灿烂也没有想象中的那样美好；火辣辣的阳光照在身上，并不是沙滩上浪漫的日光浴，而是能让皮肤实实在在地疼痛。但是，在军训的过程中，教官一声令下："向右看——齐，向前——看！"一声口令，或许会影响我们一生。

　　伴随着军训的不光是疲劳和痛苦，其中也有欢乐与骄傲；而疲劳和痛苦也不是独行的，它们为你带来了心的洗礼，教会你勇往直前，重塑一个更坚强、更出众的你。

☆ 诚信的请举手／092

　　我想，诚实的劳动最可靠，未来的时代拒绝投机取巧。

☆ 挫折是先苦后甜的咖啡糖／096

　　困难与挫折，征服的永远是心灵脆弱的人。我们这一代人大多是独生子女，养尊处优，有一部分同学心灵脆弱不堪，动不动就喜欢与家长或老师斗气，甚至出走或做出其他极端举动，只要遭遇一点挫折，就束手无策，甚至从此退缩不前，忧患意识与奋起精神很难在他们身上找到。这已经不是个案。本文的目的很明确，那就是：愿我们坚强起来。虽然我们处在一个祥和的社会，但这并不表示我们缺少锻炼意志的机会。只要我们正视挫折，坚强以对，有什么问题不能迎刃而解呢？

第二部分　生命与成长

生命在成长中拔节，成长使生命不断升华。风雨雷电过后，阳光依然那么好，天空依然那么蓝。

☆ 我们花一样的生命 / 104

在2004年—2005年的12个月中，北京大学儿童青少年卫生研究所启动的一项全国性调查显示：每5个中学生中就有一个人曾经考虑过自我毁灭，占样本总数的20.4%，而为此做过计划的占6.5%。这是一组多么触目惊心的数字！那么，我们所理解的"生命"，它究竟隐藏了多少秘密？它有一个标准答案吗？它为什么值得我们宝贝像一样好好珍惜？

☆ 你看你看"误会"的脸 / 110

误会在人们的眼光中，到底会出现多少种千差万别甚至说千奇百怪的"面孔"呢？它存在于我们的生活中，到底是好事还是坏事呢？让我们撩开"误会"的面纱，解读一下它那变化万千的脸吧。

☆ 拿什么来爱你，我的老师…… / 115

"一件很普通的小事，体现出的也是她对我们的关心和爱护"，更何况有这么多如珍珠般美丽的小事，串联起来不就成了一挂晶光闪闪而又温情洋溢的珠链吗？这，是不是一种最朴实的"师生情"呢？

☆ 两代之间，穿越时空的爱 / 121

这样，有了真正意义上的"爱"的串联，两代之间就算状如水火，也可冰释前嫌；即使远隔万水千山，有着时空的阻隔，也一定可以顺利跨越！

005

☆ 母亲，有一句话，我还没有说出口 / 127

　　每年5月的第二个星期天，儿女们会为母亲送上一支带露的康乃馨，映红她那饱经风霜的笑脸……

☆ 最爱的男人，名字叫"父亲" / 133

　　对于父亲的情感，每个人都会有各自的复杂感受。父亲永远不会像妈妈那么唠叨，他的爱却一样很温暖，很隽永。父亲的言传身教，是此生难以忘怀的思想洗礼。

　　"小时候，认为父亲太普通了，长大后才发现，父亲很伟大。"——也许，这是很多人到后来都会发现的……

☆ 清明时节雨纷纷 / 140

　　现在，清明节是法定节日了，我们何不回到故乡，去缅怀先人，在先祖的坟旁多植一棵树？在一系列的祭祖活动中，或许我们也会如杜牧一般，拈来几行优美诗句呢！

☆ 地震过后，我们更坚强 / 144

　　这一刻，一场突如其来的巨大灾难，瞬间改变了几十万同胞的命运，中国四川省阿坝藏族羌族自治州汶川县发生了里氏8.0级大地震！这次地震千年不遇，是新中国成立以来发生的破坏性最为严重的地震。转瞬之间，地震夺走了无数鲜活的生命，摧毁了无数幸福的家庭……

☆ "5·20"营养日，给身体一份温暖的爱 / 149

　　2008年发生的"三鹿"奶粉事件让人记忆犹新，人们对含有三聚氢胺的奶粉"谈奶色变"。尘衣2009年做过一个问卷调查，发现对很多中学生来说，5月23日国际牛奶日还是一个相对陌生的节日。但随着国家营养

知识的宣传普及，不少中学生对"5·20"中国学生营养日还是颇为关注的。

☆ 不敢健康，如何青春！/ 154

　　或许你正在寻求快乐，却忽略了健康也是快乐的一部分；或许你正在享受幸福，却淡忘了健康也是幸福的一方面；或许你渴望拥有财富，却不懂得健康也是人生最宝贵的财富之一；或许你正在构思人生的理想画卷，却没有将健康当作人生理想一样地去追求。

☆ 校园人情风，扛不住的社会"辐射品" / 159

　　最重要的是心灵的交融，感情的自然流露，金钱买不到最珍贵的东西。有时一次真诚的帮助、一句温暖的话语、一个会心的眼神、一张自制的叶片书签、一枚小小的卵石、一声遥远的祝福……都会让人的心猛然一颤，不经意间彼此的距离就近了。

☆ 作别童年，12岁生日大写真 / 164

　　谁没有12岁呢？谁的人生路上不是有欢笑也有泪水，有得意也有失败呢？每一个人生的转折点，我们不必拘泥于哪一种形式，最重要的，是让它如何有价值、有意义，能在我们心灵的画页上留下永远而弥足珍贵的痕迹。这就足够。

☆ 给自己一次说来就来的感动 / 168

　　我们总在感动，总在付出，总在爱。不管是怎样的我们，都是我们某个时刻最真实状态的一种体现。最真实的我们，甚至会撒一些善意的小谎。可是，我们依然可爱，依然阳光，依然可以尽情绽放。给自己多点深度和美好，以真正富有美感的内质感动自己，让富有节奏感的律动美化我们的生活，更要让能带给自己感动的我们，去感动整个世界。

☆ 让我一次"萌"个够 / 174

"卖萌喽卖萌喽！哎呀，萌一个萌一个嘛！就萌一个，不行吗？"好多人一听这话，鸡皮疙瘩掉一地。显摆可爱，嘟嘟小嘴，摆个"胜利"的手势，来个数连拍，那些都不过是"萌"的初级阶段。这个"萌"字，是大有讲究的哦。

☆ 暴徒来袭，如何应对？ / 179

既然一个完全远离暴徒、反社会者和有暴力倾向的精神病患者的世界是不存在的，那么理所应当地，大家就得为应对这些做好准备。

☆ 绰号：你的快乐我的痛 / 185

可以说，给人取绰号的人无非是图一时之快，殊不知，他们是将自己的快乐建立在别人的痛苦之上，给别人带来的是无尽的麻烦和伤害。他们有没有站在对方的角度想想：你的快乐就是我的痛？！

☆ 赌博终是错 / 191

很多同学参与赌博的初衷只是为了获得一时的快感。但是，这种快感注定维持不了多久，灾难便会降临。有的因为迷恋赌博变得见利忘义，最终甚至走上偷、骗、抢等犯罪的道路。由此可见，赌博是现代社会的一种精神"毒瘤"，害人又害己。

第三部分　精神与追求

> 精神的翅膀在不停追求的过程中日渐丰盈，一步一步踏实地走过去，蓦然回首，原来我也有资本小小地骄傲一下。

☆ 你在我眼中是最美 / 198

　　一系列被冠之以"最美"称号的人，虽然很多都是平凡的草根，但有着最美的容颜、最美的生命、最美的品格和最美的爱——因为，他们以善良、无私和博大等我们内心所渴望的正能量带给人们感动和力量。

☆ 关爱，与自爱一路同行 / 204

　　一个懂得自爱的人，一个具有爱心的人，他的日常行为定然会对周围的环境产生有益的影响，他的人生意义会变得越来越重要，人们会对他形成一种期待，对他怀想最多的一定是——我们需要你。

☆ 让网络阳光起来 / 209

　　博客中国网站公布的一组数据表明，18岁以下年龄段的上网人数占所有上网人数的17.6%。也就是说，泛滥成灾的各种网络有害信息已经成为危害我们青春的毒瘤。那么，一旦被它缠上，我们该如何应对？

☆ 分数，你不是我的唯一！ / 213

　　蜻蜓的"出生地"在哪儿？
　　苍蝇的幼虫是什么？
　　——这样的问题，你能回答吗？

☆ 出去走走：好风景，别错过 / 217

　　大海和天空，是蓝色的；墙壁和雪山，是白色的；我们的心，是什么颜色呢？趴在井底，看得到天空却看不到大海；蜗居一隅，唯见狭小而难寻博大。出去走走，便会发现，你会变得胸怀宽广，心灵澄澈，你会离崇高更近，你的天空会因此而更蓝，世界更精彩。

☆ 口袋里压岁钱在跳呀跳 / 222

　　过年会让我们收获很多各不相同的快乐，比如……而在所有与过年有关的快乐中，有一样几乎每个孩子都会拥有，那就是压岁钱。

☆ 最可爱的是你 / 226

　　你的亲人或朋友中有军人吗？他们身上有哪些特别的地方，有哪些值得你学习的地方？

☆ 来啊，爱上阅读 / 230

　　除了从书中寻觅灵魂的栖息地，你，还会去何方流浪？

☆ 让感恩相伴一生 / 237

　　"羊跪乳，鸦反哺"。动物尚且如此，何况是智商和情商都极高的人呢？感恩，应该是我们做人的基本道德准则，是立足于这个社会的精神底色，更是人生成功最起码的支点。

第一部分

青春与梦想

当透明的青春之门开启,刚刚苏醒的梦想呼吸一口清新的空气,踏着明快的韵律,悄然上路。

——尘衣

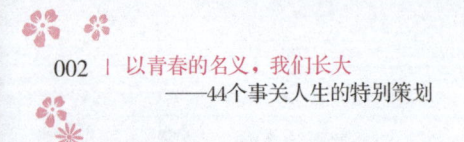

以青春的名义，我们长大

"有志不在年高""自古英雄出少年""甘罗十二为相""男儿十五立志""凡年满18周岁的中国公民均可报名参军"……这样的话你一定听说过。对，这些话语中包含着同一个非常重要的元素：青春。告别童年后进入青春期的我们，个头仿佛一瞬间便蹿得老高，所学的知识一天比一天多，心智也一天比一天变得健全……总之，我们正在以青春的名义，快速成长。

⚓ 成人仪式

原始社会，人们就已经举办一些祭祀活动了。举办这样的活动时，氛围肃穆，人们表情凝重，精神因而经受洗礼。这算是最早的"仪式"了。

后来，人们意识到，人有一个最重要、不可忽略的蜕变过程，那就是"长大"。于是，一种独特的仪式随之产生——成人仪式。古时候举办成人仪式的年龄标准不一，有的是12岁，有的是15岁，有的是16岁，有的是18岁。成人仪式有隆重的，程序较复杂；也有简单朴素的，程序单一。当某人的成人仪式举行过后，也就标志着此人已经长大了。长大意味着什么？意味着承担责任，意味着锻造品质，意味着为家庭为社会为国家做贡献。所以，成人仪式的意义不可小看：它对青少年起着特殊的熏陶作用，引导他们对人生、对理想有一个初步的设想，甚至正式确立以后的人生路该如何走。

现在举行成人仪式的不多，人们看重的是青少年成长的本质，而不在于形式。但是毫无疑问，举行一场成人仪式对青少年来说，还是有着特殊意义的。

2008年，湖南卫视联合《中国青年报》等举行了一场大型的成人仪式，整个过程青春激昂，激动人心。这，是一场集体成人仪式，它将个体的成人仪式上升了一个层次，其内在品质也得到了一定的提升。这样的仪式是一种提醒，也是一种见证——提醒青少年正在长大，见证他们的成长历程。从那以后，成人仪式被该台打造成品牌，极富青春气息——此后的每年，举办方都会于5月4日这一天举行一场集体成人礼，这个仪式逐渐成为青少年盼望的一场盛会。

吴漪童的故事

326班成人礼：今天，我们一起长大

今年5月4日，我们326班的班会主题是"今天，我们一起长大"。在这个特殊的日子里，这个属于年轻人的日子里，我们举行了一场成人典礼，献给青春的自己。

参加典礼的除了全班同学，还有王副校长、我们班所有科任课老师和几名家长代表。作为主持人的班主任，向我们简单地介绍了班会主题和成人典礼的程序：典礼开始—共唱国歌—王副校长发言—家长代表发言—学生代表发言—每人一句话感言—宣誓—典礼结束。

当班主任宣布典礼开始时，大家都停止了交流，会场气氛顿时变得肃穆起来。唱国歌时，全体起立，大家充满激情地歌唱。歌声传递着力量，也展现着我们的青春之美。

王副校长的发言让我们对平时不太满意的学校产生了不一样的情愫。此刻的他，不像一个领导，反倒像是一个朋友，缓缓地对我们讲述他的殷切期望："今天是个特殊的日子，也是个值得铭记的日子，因为在今天，我们一生中无比光荣的时刻——成人典礼正在举行。我们高唱国歌，我们宣誓成人。这是令人激动的时刻，这是值得骄傲的时刻。让我们记住这一刻，记住见证我们成长的校园，因为，这是我们人生的又一个新起点。我们将独立自主，成为明天的创造者，成为世界的建设者！"

最激动人心的是"每人一句话感言"环节。之前，班主任要求我们发挥各自的聪明才智，所讲的这句话一定要有分量，要既感动自己，又能感动别人。袁雨说："从此刻起，我要挣脱父母的怀抱，走向更广阔的人生舞台。"黄衍斌说："从此，我多了一份责任，少了一份依赖；多了一些阳光，少了一些阴霾；多了一点博大，少了一点自我。"迟兴云说："今天，我不再是个小女孩，我长大成人了！从现在起，我要做个负责的人，对我所说的所做的负责！"我说："我只想说'谢谢'，谢谢生养我的父母，谢谢教育我的老师，今后，我会以爱来报答你们，回报社会！"……几乎每一位同学的话都是如此慷慨激昂，如此豪情万丈，如此铿锵有力。

对，在国旗下的宣誓道出了我们所有参加成人礼的同学的心声："我，作为一名中华人民共和国公民，立志成为有理想、有道德、有文化、有纪律的人。我将热爱我的祖国，拥护中国共产党的领导，遵纪守法，正确地行使公民权利，自觉地履行公民义务，积极地强健体魄，完善人格，为中华民族的民主、富强和文明奋斗终生！"

⚓ 杨演庆的故事

改变自己

曾经有人评价说，我们是"90后""00后"，是独生子女，是只懂得索取与享受、不思进取的共和国新一代。不，我想告诉他们，这样的话用在我们身上绝对不合适。我们的确单纯、任性，但我们也会反思，也会长大成人，也会明白权利、义务和责任之间的关系；我们也会对父母感恩，对社会感恩，对世界感恩；我们的思想与灵魂也会时时进行自然碰撞，也会憧憬美好的未来。我们虽然痴迷电脑，不再玩上辈人玩过的简单的游戏，但这是不可避免的，是时代的发展造成的（我们用电脑来获取知识，电脑游戏并不是我们的全部啊）；我们也有陶冶自己情操的方式。我们爱锻炼，爱创造，爱一切美好的事物。我们的青春，我们的成长，本身就是社会一笔可贵的资源。总之，我们会不断地学着改变自己，让自己时刻有着崇高的历史使命感、责任感和荣誉感，争取在今后的岁月里成为社会的栋梁。

⚓ 尘衣主张

青春是个最让人激情澎湃的词语，青春期是个最让人羡慕与自豪的阶段。青春的我们，在这一阶段积蓄力量，为明天的展翅高飞做准备。我们重任在肩——将来的美好社会靠我们去建设，世界的和平靠我们去捍卫，时代的发展靠我们去推动，伟大的历史靠我们去缔造！我们在青春的引领下，加速成长。我们的人生观、价值观和历史使命感一天天形成，社会良知和社会责任感一天天体现。加油吧小伙伴们，乘着青春的翅膀，自由地飞翔！

你今年多大了？参加或见过成人仪式吗？仪式是怎样的？欢迎来微信（chenyiacy）、微博（@尘衣）与我交流。

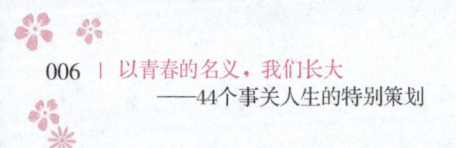

铿锵宣言：让自由在青春里飞翔

新的一年来临，青春的我们长大了。敲响希望的钟时，你的新年祈愿中，也包含了对自由的无限向往吗？你想要的自由，是怎样的呢？

⚓ 声音：渴望自由

裴多菲（1823—1849，匈牙利诗人，是深受马克思和恩格斯关切与赞扬的匈牙利一八四八年革命中的英勇斗士，牺牲于哥萨克骑兵矛下。其短暂的一生留下了近千首诗歌，为全世界被压迫民族留下了极其宝贵的文学遗产）：生命诚可贵，/爱情价更高。若为自由故，/两者皆可抛。

帕特里克·亨利（1736—1799，美国独立战争时期著名的政治家和演说家。独立战争期间，他慷慨激昂的演说"不自由，毋宁死"影响了当时的投票结果，催生了美国的独立战争。因此，他被称为"美国革命之舌"）：我们的弟兄已经奔赴战场！我们为什么还要站在这里袖手旁观呢？难道生命就这么可贵，和平就这么甜蜜，竟值得以镣铐和奴役做代价？全能的上帝啊，制止他们这样做吧！我不知道别人会如何行事，至于我——不自由，毋宁死！（Give me liberty or give me death！）

叶挺（1896—1946，杰出军事家，中国人民解放军创建者之一。1941年1月皖南事变中，他被国民党军扣押，虽身陷囹圄长达5年，却坚贞不屈，在狱中作《囚歌》明志）：为人进出的门紧锁着，/为狗爬出的洞敞开着，/一个声音高叫着：/——爬出来吧，给你自由！/我渴望自由，但我深深地知道——/人的身躯怎能从狗洞子里爬出！/我希望有一天/地下的烈火，/将我连这活棺材一齐烧掉，/我应该在烈火与热血中得到永生！

尘衣：没有谁愿意做一个坏孩子。当每一个愿望都被囚禁着，不能自由地去实现时，我们便会为灵魂找寻另一个出口——哪怕那个出口通向的是未知的魔宫，我们依然选择勇往直前。

王翠华：任性意义上的自由，是自由放任，想说什么就说什么，想做什么就做什么；按规律办事意义下的自由，是对事物必然的认识和改造；自律意义下的自由，是人在自己所拥有的领域自主追求设定目标的权利。你要哪一种自由？

⚓ 实例：谁是自由的

为了国家和人民，牺牲我的自由

"你不能做我的诗，正如我不能做你的梦"（胡适《梦与诗》）。胡适先生一生坚持自由，这自由不仅仅是对自己，也是对别人。"争你们个人的自由，便是为国家争自由！争你们自己的人格，便是为国家争人格！"他曾经这样说。

国之存亡，匹夫有责。胡适报效之国，绝非狭隘的国民党所掌控之国，而是中华民众之国——这个国家，有着千千万万正在饱受困苦的人民。在个人自由与国家命运发生矛盾的时候，胡适勇敢地放弃了个人自由而选择与国家共进退。一向坚持自由的胡适，为何在1938年接受蒋介石政府的驻美大使之职？当时，他在日记中这样写道："21年独立自由的生活，今日起，为国家牺牲了。"这样的悲壮，反映了一颗怎样的爱国之心！无论是否赞同他的政治主张或者哲学思想，都不得不为这样的一颗心而感动。在美任职期间，在两个月没有领到薪俸的情况下，他在给夫人江冬秀女士的信中这样说："我是为国家的事出来的，吃点苦不要紧。"他还说："我过的日子总算顶舒服的了。比起打仗的兵士，比起逃难的人民，比起受飞机轰炸的惊恐的人民，我这里总可算是天堂了。"

胡适在晚年说，他与鲁迅实则是一个阵营里的，这个阵营就是自由之营。鲁迅与胡适，无论曾经多么针锋相对、有过多少过节，都高擎自由的旗帜，站在了中国文化的顶峰。

不相信眼泪

"自由就像一个院子,如果篱笆烂了,狼就会乘虚而入。"这是少管所的所长对我和罗晶说的。他还说:"生活不相信眼泪。希望你们洗心革面,遵守必要的规矩。"

来少管所3个月了。

我原本有个幸福的家,父亲是外科医生,母亲是会计。平时,我是个乖孩子,父母对我十分疼爱,只要我有什么意见和要求,他们就会给我充分的自由,尽量尊重和满足我。我们一家三口,其乐融融。但是七年级下学期的一件事,彻底改变了我的人生轨迹。

那天,好朋友罗晶神秘地对我说:"学校管得太严了,我们出去透透气吧?"我说:"管得严对我们有好处,可以让我们学会自律嘛!"但他的神情还是勾起了我的好奇心。于是,我跟他翻墙而出,来到一家网吧。

罗晶点开一家网站,一幅幅少儿不宜、不堪入目的图片扑面而来,让我感到脸发烫、口发干。我想离开,可是眼睛像被什么钩住了似的,挪都挪不走。罗晶似乎看透了我的心思,说:"你等一下。"几分钟后,来了一个打扮得流里流气的社会青年。罗晶说,那个青年是他的好朋友。我本能地想拒绝跟那个人交往,但出于礼貌,还是对他点头微笑。

从那以后,我和他们逐渐成了"朋友"。我常常溜出校门,跟他们混在一块儿。但在爸爸妈妈面前,我仍然装出一副乖孩子的模样。直到有一天,我们三人因抢劫加上强奸未遂而被公安干警带走时,爸爸妈妈才捶胸顿足,觉得给了我过分的自由。我也非常后悔自己的行为,痛哭流涕地一遍遍发誓说,以后再也不会这样了。(飞扬,未教少年)

失去自由,便如囚鸟

我简直要崩溃了!想去参加广播站播音员的竞选吧,爸爸嘴一撇:你还要不要学习了？就你那普通话水平，花再多的精力也甭想让人听懂；想去参加合唱团吧，妈妈"哧"的一声：孩子，你不知道自己五音不全吗？我看你还是别费那个神了，认认真真读你的书才是硬道理；大着胆子跟班主任说想在班里混个一官半职吧，班主任眼皮都没抬一下：你不适合，因为你胆子太小了——谁能听清蚊子的叫声？

这不行那不行，我是被他们囚禁的鸟吗？毫无自由可言，毫无乐趣可言！渐渐地，我变得郁郁寡欢。觉得无人可诉，便把所有心事倾注在笔端。有一天，那载着我心事的笔记本无意中被胡伽明看到了。他很震惊，缓缓地接近我，希望解开我紧锁的愁眉。而我，由最初的拒绝变成接受，到最后，我眉头舒展的同时，竟深深地喜欢上了他……（馨虹，中学生）

⚓ **提醒：自由有度**

人民怎么会答应

2005年—2008年，湖北黄石市西塞山区原副区长阮某采取违反工程招投标程序等方式，帮一家房地产公司低价拍得地块。截至案发时，共收受对方"感谢费"66万元。可笑的是，与阮某一同东窗事发的某贪官竟然如此为自己开脱："权力是靠我自己奋斗争取来的，理当由我自由支配，为我所用。"

权力不等于个人自由。为国家服务、为人民服务是每一个公职人员的天职。一旦自由过了头，滥用国家赋予的权力牟取私利，人民怎么会答应？

自由的危险性

他是我某位亲人的军校同学、一位入伍多年的军人。他正面临这样一个难题：是继续留在部队，还是退伍？一方面，他厌倦了处处受拘束的部队生活，希望能够自由地打拼；另一方面，他却担心适应不了社会的快速变化。他说，他可能不得不选择继续待在部队。

有个囚犯让我印象深刻，那就是影片《肖申克的救赎》中，被关押了大半辈子的老布。出乎意料的是，在他刑满释放、获得自由的时候，竟然拼死抵抗，试图再次杀人。为什么？他想继续待在肖申克监狱。在众人的劝说下，老布终于放下屠刀，走出肖申克。不料，在自由的天空下，老布很快便选择了自杀。

影片《楚门的世界》中，主人公楚门从一出生便成为被别人导演的演员。他的生活全是假的。当他终于利用一次机会逃出众人的视线，站在自由的门口时，他面临的是：跨出去就是自由，一个没有束缚的世界；留下来的话，生活虽然虚假，却可以过得安安稳稳。最后，楚门选择了自由。影片就此结束，楚门的未来，没有人知道。自由是否是楚门的最佳选择呢？当他从"囚禁"他30多年的世界里走出来的时候，他能适应自由给予他的一切吗？

原来，对于被囚禁太久的人来说，选择自由的生活也成了一件相当冒险的事。站在这架安放着自由与束缚的天平两端，有些人为什么宁肯忍受束缚也不敢接受自由呢？因为，束缚意味着安稳，意味着衣食无忧，自由却充满危险，充满恐惧。对于过惯了束缚生活的人来说，自由虽然极具诱惑力，却令人生畏；它不是子弹，却似乎更危险。

自由≠自我放纵

上官婉儿的才华之高，有史为记："与其说韩愈、柳宗元开古文复兴气运，毋宁说是上官婉儿早已为盛唐的文学面貌绘出了清晰的蓝图。"不过，纵然貌美如花、才高八斗又如何？有书如此评价：一旦放纵自己，过分追求自由，曾因为无知和无力被遮掩的欲望就汹涌而出了。于是，路便只有3条：要么任意放纵而不加节制，要么苦苦压抑而不得超生，要么成为神。过分追求自由，太多的权欲、物欲和情欲——上官婉儿终因这些葬送了自己。

上官婉儿的祖父上官仪因替唐高宗起草废武则天的诏书，被武所杀，刚刚出生的上官婉儿与母亲郑氏一同当了奴隶。14年后，上官婉儿被武则天召见，当场命题。小小年纪的她，文不加点，须臾而成，且辞藻华丽，语言优美。武则天看后，龙颜大悦，当即下令免其奴婢身份，让其掌管宫中文诰。19岁的时候，这个恢复自由之身的小女孩已经是一人之下、万人之上了，漫说文武百官，就是武后的儿子唐中宗也得看她几分面子。

但是，虽然身为唐中宗的昭容，上官婉儿竟与大权在握的武三思私通，还迷上了美少年崔湜。上官婉儿不但自己投入到韦后势力地图中，还把武三思也拉了过来。太子李重俊也算是个有血有肉的人。他实在看不过他们权势熏天的嚣张模样，遂派兵杀了武三思父子。上官婉儿从此怀恨在心，最后，设计借皇帝之手杀了太子。上官婉儿自己也没落个好下场：被李隆基发动兵变杀死了。

不学美国中学生，自由过了度

据相关报道，美国中学生一向以崇尚自由来标榜自己。可是，如果自由到把吸烟、酗酒以及服用毒品作为家常便饭的程度，那就过了分。美国有害物质滥用监视中心的一项调查表明，2001年，将近1300万12~17岁的中学生首次尝试香烟、酒精以及非法药物，其中包括毒品。

有害物质的滥用对中学生的毒害作用不言而喻：抽烟、喝酒、吸食大麻及其他非法药物越严重的学生，他们的成绩也越差，被学校开除的概率比普通学生高出5倍。

我们的国情不同，但不影响我们对自由的看法——自由可以，但不宜过分。

⚓ 尘衣主张

自由像个调皮的孩子，在我们的前后左右"活蹦乱跳"——它无处不在，随时出现在我们的生活中。我们对自由的看法各不相同：有的人眼中，自由很大很远很抽象；有的人眼中，自由很小很近很具体；有的人觉得，生活、人身得以自由就够了；有的人则追求更高境界的精神上的自由。我们需要明白的是，自由是相对的，没有无边界、绝对的自由。一旦我们学会了认识事物发展的规律性，且能自觉地运用到实践中去，才是真正掌握了自由的真谛。认真想想，你要的自由将以怎样的形式出现呢？在新的一年来临之际，让我们铺好纸，调好墨，在生命的画卷上，一起来发表一份属于我们自己的铿锵宣言吧，让自由在我们的青春里

骄傲地飞翔!

☆相关链接☆

国旗上的自由宣言

3000年前,希腊便有了城市和管理城市的法令。然而,战争就像一场场噩梦,纠缠着这个喜欢用橄榄枝编织花环、热爱和平的国度和生活在这里的人民。令人高兴的是,它每每都能被自己灿烂的文化所拯救。

希腊人第一次被自己的文化所拯救是在公元前198年第二次马其顿战争之后。战胜者罗马军队的总督是位希腊文明的仰慕者。他不但没有惩处当时希腊的统治者,还在两年后宣布了希腊的自由。

希腊人第二次用文化拯救自己的国家是在1821年的独立战争。面对强大的奥斯曼帝国,希腊的独立战争几乎是以卵击石。但是来自欧洲的志愿者们(比如英国、法国、俄罗斯的联合舰队),把这场战争当作古典主义的欧洲对异族和异教的反抗。在联合舰队的帮助下,希腊又一次奇迹般地复活了。希腊人可以又一次骄傲地宣读他们写在国旗上的国家格言:不自由,毋宁死!

你眼中的自由是怎样的?找一些关于自由的故事跟朋友讨论吧。当然,我也愿意倾听你的分享——记住,我在微信(chenyiacy)、微博(@尘衣)等你。

速度！速度！出名要趁早？

现代社会，人们的生活节奏变得越来越快，竞争越来越激烈，"速度"一词逐渐成为一个异常流行的词。"新新人类"更是以说这个词为时尚。他们在催促别人尽快完成一件事情时，常常大喊："速度！"以前，人们常说"加快速度"，瞧，他们干脆省去了前面两个字，将"速度"名词动用，表达出一种超强的紧迫感。这，简直是极速，似乎一秒之内，人便可以从地球飞往月球。可是，到目前为止，还没有任何一种航天工具能在如此短的时间内将我们送往神秘的月球——除非我们依照脑筋急转弯的答案去做——想象。"雷人"的是，在某些人的概念里，成名是一种比一秒之内飞往月球还容易的事。我说，那恐怕他们上位的工具同样名叫"想象"吧！什么，你不以为然？喏，那请听听下面这个故事吧！

从一开始，它就比别人多费周折。它因为奇丑而被鸭瞧不起。其他的动物如鸡、狗、猫等，它们都认为自己门第高贵、了不起，也都鄙视它。可是它一点也不怪它们。它那么谦虚，只想在"广大的世界"里生活，自在地游泳、戏水。农场、灌木丛、老太太家、河边、草地……最后，一群美丽的白鸟发现它就是它们的同类，便向它游来……到这个时候，它再不是以前那只丑陋的小鸭了，而是一只美丽的白天鹅。

丑小鸭变白天鹅的故事同样折射了作者安徒生的人生——他童年和青年时代所遭受的苦难，他对美的追求和向往，以及他战胜重重苦难后所得到的艺术创作上的成就和精神上的安慰。

于是有太多的人以"丑小鸭也可变天鹅"为论据，期待自己的人生也会有这样的蜕变，他们给这样的蜕变戴上一顶名叫"一夜成名"的金光闪闪的皇冠。可是，他们压根儿就忽略了安徒生的这句话："这个蛋费的时间真久！"丑小鸭变天鹅不是新鲜事，新鲜的是变的速度。

忽略这句话，也就忽略了"蜕变"的过程，忽略了那些必经的痛苦、悲伤和艰难。

⚓ 一夜成名个案披露

有人追星，更渴望自己成为万人追捧的明星。郭敬明、张悦然、张含韵、李宇春……互联网、新概念作文大赛、"快乐女声"、"美丽中学生"、"莱卡我型我show"、"中国好声音"……几乎就在一夜之间，这些陌生的名字和平台突然铺天盖地地充斥着我们的耳膜与眼球。于是，有人逃课参加选秀、有人抄袭别人的"抄袭"……也就在一夜之间，关于成名的传统规则被轻易颠覆。

No.1　庸俗——将自恋当自信，还生怕全世界的人不知道

成名例证：红衣教主、芙蓉姐姐等

当红指数：★★★★

那个时年36岁的红衣女子因为在一场选秀活动中行为大胆而被人称为"红衣教主"，出版商、电台，甚至央视《实话实说》也差一点邀请她参与节目录制；那个将考研的追求放在一边的女孩因为在互联网上张贴自己S形的照片而被人冠以"芙蓉姐姐"之名，各路媒体纷至沓来，邀请她出席各种活动……一夜之间，有关她们的新闻铺天盖地，人们的视觉、听觉因此产生双重疲劳。

微评：我们当然可以将自我完全释放。然而，当释放成为无节制、无标准的炫耀时，自信将不再是自信，表演也就成为闹剧。

No.2　踊跃——过五关斩六将，有她的一席之地，就得有我的墙角一隅

成名例证：张含韵、李宇春、张杰、李易峰等

当红指数：★★★★★

2004年的"超级女声"（后更名"快乐女声"）让安又琪等浮出水面。庸俗也罢，品位低下也罢，2005年很自然地被网络媒体冠以"超级女声"年。百万短信的支持率使李宇春、周笔畅如蛟龙出海，尽夺眼球。这些几个月前还是普通学生的女孩，在从海选到决选的几个赛场稍稍历练之后，如凤凰涅槃，成为艳光四射的大众偶像。那么多不同年龄层次的人自发地组成她们的支持团队，分别以"玉米""笔迷"自居。他们因她们的表演而疯狂，因她们的歌唱而骄傲。

微评：乌鸡变凤凰是实现自我价值的最终结局，但结局往往需要千锤百炼的过程来抵达。一场电视秀往往更关注收视率而不是培养个人的知名度，个人成名只是电视节目的附加值，绝非成名捷径。

No.3　独特——以文学的名义，刮起势不可当的旋风

成名例证：韩寒、郭敬明、春树、张悦然等

当红指数：★★★★

创办于1999年的新概念作文大赛被誉为中学语文的奥林匹克。韩寒自17岁一鸣惊人后，一发不可收拾，相继出版《三重门》《零下一度》等，成为第一位因"新概念"成名的少年作家；在2004年2月《福布斯》发布的2004年"中国名人排行榜"上，郭敬明赫然在列，他的《幻城》《左手倒影右手年华》《梦里花落知多少》动辄销售百万册，名利兼收；而登上美国《时代》周刊亚洲版封面的春树，高中辍学的她曾经在北京师范大学的诗歌朗诵会上怒斥众多大学生和研究生，与韩寒、黑客满舟、摇滚乐手李扬等4人被认为是中国"80后"的代表……这些带着"新概念"光环走出来的少年作家，因为文章和行为的"另类"而成为中国图书市场炙手可热的新星。

微评：某些少年作家的走红，只能反映市场的繁荣，不是文学的繁荣。大多数少年作家成名同样要靠实力说话，如果一味追求某种刺激、叛逆、奢靡，则可能落入自己设下的陷阱难以自拔，成为新时代的方仲永。

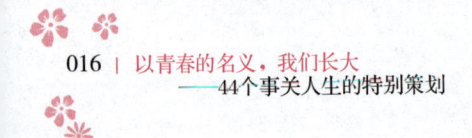

⚓ 一夜成名：那顶缀着蒺藜的皇冠

这个年代，娱乐与成名风靡一时。其中，青春是永远的主角。成为一个明星，是许多少男少女的梦想。

一夜成名之所以鲜有人望而却步，只因为拥有它不一定需要多才多艺，亦不必有绝色美丽，甚至可以不用卧薪尝胆，不必假以时日——想唱就唱，想怎么样就怎么样，只要你乐意，只要你举手，只要你敢疯狂。

然而，果真如此吗？一夜成名仅仅需要勇气就可达到？就算达到，它为我们换取的会是一个真正持久和光明的将来吗？它向我们昭示着什么？

只要你曾经在一只天鹅蛋里待过，就算你是生在养鸭场里也没有什么关系。最重要的是，你的本质就要是一只天鹅，一只真正的白天鹅！

⚓ 各种论说综述

No.1　网络声音

如今全民上网，成名真正达到了不胫而走，但是成名快，消失的速度更快。——观光客

按照传统观点，男人才高八斗、貌比潘安、富可敌国，女人花容月貌、才貌双全才有出名的资本，如今，社会变得更宽容了。——欢欢

成名？爱国英雄如岳飞，美名远播是一种；卖国贼如秦桧，臭名昭著也是一种。所以，名声要靠自己来爱惜！——远了又近了

因为有人喜欢看热闹，所以才有他们制造热闹供人看。——跳舞的鱼

一个勇敢的人展示自我，何错之有？——不帅不说话

每个少女都有受万众瞩目的虚荣心，但你再虚荣也不能让别人感到恶心吧？——乖乖水

既然有大红大紫的人存在，为什么要求我们默默无闻？——不习惯说谎话

No.2　当事人声音

我小时候的梦想就是做明星，因为我喜欢跳舞和唱歌，从两岁就开始学舞蹈，后来又学古筝。不过现在我觉得，明星付出的辛苦与努力，与身上的光环是同等的。——张含韵

就当我是一阵清风/拂面而过/就当我是一股花香/沁人心扉/就当我是一支烟花/刹那灿烂——芙蓉姐姐

出名要趁早啊。等我20多岁的时候，恐怕就没有激情在文学上成名了。——冯寅杰

别人唱得那么难听，长得那么难看都能去唱，我为什么不呢？——某"超女"

No.3　名人声音

大众媒体的力量已超出了常人的想象，如果把一只狗牵到央视连播它一个月，那么这狗必会成为一知名度很高的狗。所以如果单纯只是为了靠荧屏去博得知名度，那就错了。——白岩松（主持人）

我认为"一夜成名"是不可能的。一个人应该通过自己的努力奋斗才能有所成就。——何炅（主持人）

如果有很多人敢于面对自己的肤浅，进而完全坦露自己的心迹，呼唤有真思想者面世，则对于思想的形成善莫大焉。——达然（作家）

对最近几年文坛的一些年轻人，我是很敬畏的，觉得他们思维特别大胆。不过网络作家我不是很了解，因为很抱歉，其实我现在不上网，写作也是用纸。我对于时尚文化，大概有些类似于害怕被淘汰吧。——贾平凹（作家）

中国需要各种类型的电影和演员，观众是最好的评委，演员也不必有讨好的心态，真诚和健康才是最重要的。——濮存昕（演员）

我还是坚守我的本性，永远不想改变。也许，在生活的轨道上，我选择走一条捷径会更加风平浪静，或是付出少收获多。但是，我是一个性情中人，你让我学会圆滑，我真的做不来。相反，让有些人坦白、真诚，也很困难。——赵薇

（导演、演员）

有的人是一夜成名，有的则是一步步走出来的。——刘嘉玲（演员）

确实，机遇对演员来说，是影响很大的，如果把握不好机遇，或者没有东西把这个机遇越托越高的话，机遇就浪费掉了。——陆毅（演员）

几年后要是真的看到你还在茁壮成长，那时我会为你高兴。——时统宇（中国社会科学院新闻与传播研究所研究员、中国新闻事业研究室主任）

尘衣主张

脚步放慢一点，从容前行

一夜成名？拒绝庸俗地一路狂奔……

在这个快餐文化层出不穷的年代，无数火速成名的故事就这样童话般上演。它在吸引人们眼球的同时，也扰乱了人们的心智，让人们以为五音不全也可当歌星，笨嘴拙舌照样会成为主持人，标点符号都不会运用的人也是当作家的料……

其实那些一再地重复"出名要趁早"这句话的人，实际上忘记了说这话的人是才华横溢的张爱玲。张爱玲出名是靠作品说话，至今她的作品一版再版便是明证。设想当初她没有金刚钻，也不会揽那个瓷器活了。就拿韩寒、春树来说，他们的成名难道只有炒作的功效，而他们自身的实力可以忽略不计吗？因此，成名的正常途径应该是实力加机遇，而不是哗众取宠。没有自身实力支撑的一夜成名，其出名的热度下降会比开水冷却成冰的速度还快。

那么，你既然有时间将精力大把地花在不切实际的追星、追求一夜成名上，为什么不去花时间脚踏实地，一步一个脚印地为你以后的出人头地把基础夯得更牢实，把自身变得更强大呢？

他们都在急速飞奔，我只会耐心等待！

第一部分 | 019
青春与梦想

悄悄地告诉我

你可曾有过出名的念头？追星是不是你曾经做过的"功课"之一？你身边的同学为了追求一夜成名付出过怎样的努力或代价？聊聊——记住，我在微信（chenyiacy）、微博（@尘衣）等你。

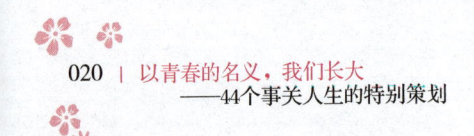

中国，你好！
——热烈庆祝中华人民共和国成立66周年

1949年10月1日，毛泽东在天安门城楼大声宣告："中国人民站起来了！"这，是中国人民播下的一粒幸福种子，它标志着一个旧时代的终结。在此后的66年里，它生根发芽，茁壮成长——各族人民在中国共产党的领导下，以无可比拟的集体智慧和力量在广阔的神州大地上创造出一个又一个奇迹。半个多世纪以来，中国人民独立自主，自力更生，改革开放，在中国共产党的领导下走出了一条中国特色社会主义道路，并获得了巨大成功。在这硕果满枝的季节，让我们以响彻云霄的声音，发出最浓情的问候——中国，你好！

⚓ 历史中国

我们有理由回顾并珍视这样一些事实——它们是华夏儿女数千年来奇妙智慧的结晶，是整个世界听得见的如此响亮的声音：

史前文明——从古至今，文化的神奇魅力一直为人们所咏叹，文化的力量更深深熔铸在民族的生命力、创造力和凝聚力之中。史前文明的中国文明部分在历史的长河中熠熠生辉。

中国古代"四大发明"——指南针、造纸术、火药、印刷术，为世界科技的进步谱写了光辉的篇章，深刻地影响着世界历史的进程。

三教合一的"儒道释"文化——中华文化，历久弥新。一个国家，一个民族，应该有自己最根本的信仰和最根本的文化，它可以承载起整个国家和民族的精神命运。三教合一的"儒道释"思想是中国经典文化的重要组成部分。1988年,世界各国的诺贝尔奖得主在巴黎发表的共同宣言中提到:"人类要在21世纪生存下去,必须回到2530年前,到中国的孔子那里去寻找智慧。"

……

感动中国

我们有理由了解并铭记这样一些事件——它们是新中国成立以来中华儿女站起来后坚强力量的缩影,是整个世界看得见的如此挺拔的身影:

抗美援朝——1950年8月27日,美国空军入侵我国东北领土,轰炸、挑衅……为保卫祖国,维护亚洲和平,英勇的中国人民志愿军跨过鸭绿江,与朝鲜人民一道,以无可比拟的智慧和力量对美军进行了有力反击,并取得了最后的胜利。

重返联合国——1971年10月25日,第二十六届联合国大会讨论通过第2758号决议,恢复中华人民共和国在联合国的一切合法权利,标志着国际政治格局掀开了崭新的一页。

重登奥运领奖台——1958年因为奥运会上出现了"一中一台"两个"中国"的问题,中国毅然退出奥运会。1972年中国重返奥运会,再次赢来国际社会必要的尊重。

恢复高考——1977年10月20日,新华社发出通稿,公布恢复高考的消息,震撼了整个中国大地。任何有希望的民族都高度重视教育,恢复高考成为中国当代教育史上的伟大事件,它挽救了我们的民族和国家。

香港和澳门回归——1997年7月1日0时,中华人民共和国和英国在香港隆重举行政权交接仪式,从此,经历了百年沧桑的香港回到祖国母亲的怀抱;1999年12月20日0时,中华人民共和国国旗和澳门特别行政区区旗在澳门升起,中华人民共和国开始对澳门行使主权。实践证明,回归以后,两地人民的日子过得更好。我们期望,台湾人民也能尽快投入祖国母亲的怀抱。

战胜洪灾和"非典"——1998年,长江、松花江等流域发生不同程度的洪灾，湖南、黑龙江等众多重灾区的人民与抗洪官兵一道，与洪水搏斗，终于战胜了一次又一次洪峰。2002年11月—2003年6月，广东、北京、山西、内蒙古相继发现严重急性呼吸综合征，简称"非典"（SARS）。"非典"的出现牵动了整个中国乃至世界人民的心。中国人民在短短几个月的时间内，以非凡的凝聚力战胜了"非典"这一险情。这充分证明，有党中央的高度关注，有全国人民的全力支持，在每一个关系到民族命运的重要关头，只要我们众志成城，万众一心，就会始终立于不败之地。

"申奥""申博"成功——"新北京、新奥运。"中国人民的热情与魅力无处不在。2001年7月13日，国际奥委会主席萨马兰奇宣布2008年奥运会将在北京举办。中国数次申办奥运，而今终于圆了一个跨世纪的梦。2002年12月3日，中国赢得2010年世博会的举办权，被称为"经济、文化、科技领域奥林匹克"的世博会第一次在发展中国家找到广阔的新时空，中国人民一圆百年梦想，得以更方便地向世界展示中国经济等各方面的综合实力。"申奥""申博"充分体现了我国人民的爱国热情，充分显示了我国政府和人民成功举办"两会"的能力和信心。

加入世贸——2001年11月10日，中国正式成为世贸组织成员，标志着我国对外开放进入一个新的阶段，将会对新世纪的中国经济和世界经济产生广泛而深远的影响。

"中国梦"——中国共产党第十八次全国代表大会召开以来，习近平总书记所提出的重要指导思想和重要执政理念，正式提出于2012年11月29日。习总书记把"中国梦"定义为"实现中华民族伟大复兴，就是中华民族近代以来最伟大的梦想"，并且表示这个梦"一定能实现"。"中国梦"的核心目标可概括为"两个一百年"的目标，即到2021年中国共产党成立100周年和2049年中华人民共和国成立100周年时，逐步并最终顺利实现中华民族的伟大复兴。"中国梦"关乎中国未来的发展方向，凝聚了中国人民对中华民族伟大复兴的憧憬和期待；它是整个中华民族不断追求的梦想，是亿万人民世代相传的夙愿，每个中国人都是"中国梦"的参与者、创造者。正如习近平总书记所强调的，"'中国梦'归根到底是人民的梦，必须紧紧依靠人民来实现，必须不断为人民造福"。
......

成就中国

我们有理由承载并记住这样一些事件——它们是继古文明创建以来新中国再一次集体智慧的辉煌展现，是整个世界闻得到的如此震耳欲聋的惊雷：

"两弹一星"、航天飞船——1964年10月16日我国第一颗原子弹爆炸成功，1967年6月17日我国第一颗氢弹空爆试验成功，1970年4月24日我国第一颗人造卫星发射成功，2003年10月15日—16日，我国第一艘载人航天飞船"神舟"五号顺利进入太空，并成功返回。此后，实现多次载人航天飞船顺利进入太空及成功返回、太空行走、与"天宫"一号顺利对接……"两弹一星"和"航天"精神是爱国主义、集体主义、社会主义和科学精神的集中体现，为我国的科学史诗添写了正气、光辉的一页。

十一届三中全会——1978年12月18日—22日，中国共产党第十一届中央委员会第三次全体会议胜利召开，做出了把工作重点转移到社会主义现代化建设上来的重大决策。此次会议是新中国历史上一次伟大的转折，中国开始走上建设中国特色社会主义道路的新旅程。

特区建设——1980年8月26日，第五届全国人大常委会第十五次会议通过决议，决定在深圳、珠海、汕头、厦门设置经济特区，具有深远历史意义的中国经济特区正式宣告成立。20多年来，经济特区发展迅速，取得了举世瞩目的成就，并继续以矫健的步伐迈进，成为我国对外开放的窗口和经济改革的试验场。

三峡工程——1993年三峡工程开始施工准备，1994年12月14日正式开工，2004年7月8日三峡船闸正式通航。三峡工程是党中央三代领导集体的英明决策，凝聚着几代中国人的心血和智慧，在世界工程史上堪称罕见。这一世纪丰碑将永远载入史册。

西部大开发——实施西部大开发战略是实现共同富裕、加强民族团结、保持

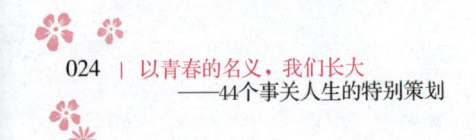

社会稳定和边疆安全的战略举措，是适应世界范围内的结构调整、提高我国国际竞争力的迫切需要。

科教兴国，普及九年义务教育——1998年3月开始实行科教兴国战略，其奠基工程是普及九年义务教育。

第一艘航母、"蛟龙"号深海载人潜水器——中国第一艘航空母舰为"辽宁号航空母舰"，简称"辽宁"号，舷号16，是中国人民解放军第一艘可以搭载固定翼飞机的航空母舰，于2012年10月正式服役。"蛟龙"号深海载人潜水器，深潜超过7000米，意味着中国具备了载人到达全球99.8%以上海洋深处进行作业的能力。

亚投行——亚洲基础设施投资银行（Asian Infrastructure Investment Bank，简称"亚投行"，AIIB）是一个政府间性质的亚洲区域多边开发机构，重点支持基础设施建设，总部设在北京。2013年10月2日，由中国国家主席习近平提出筹建倡议；2014年10月24日，21个首批意向创始成员国的财长和授权代表在北京签约，共同决定成立亚投行。截至2015年4月15日，亚投行意向创始成员国数量为57个，其中域内国家37个、域外国家20个，涵盖亚洲、大洋洲、欧洲、南美洲、非洲五大洲的国家。各方商定将于2015年年中完成亚投行章程谈判并签署，年底前完成章程生效程序，正式成立亚投行。今后，其他国家和地区仍可以作为普通成员加入亚投行。

……

⚓ 景象中国

我们有理由走近并热爱这样一些去处——它们是中国的象征或人民勤劳智慧的艺术典范，是整个世界拍摄得到的如此独特的画面：

黄河长江、三山五岳——中国地大物博，名山大川气势磅礴，不可胜数。其中黄河是中华民族的摇篮，是世界古文明的发源地之一，为中国第二大河；长江长度位居中国第一、世界第三，沿江旅游、经济等在中国占据着相当重要的位置；三山五岳风光自然险峻，神奇俊秀，美好无限。

"三孔"——孔庙、孔府、孔林，是儒家文化的发源地，"仁、义、礼、智、信"是中华传统美德最重要的组成部分。

人民大会堂——庄严的人民大会堂是新中国首都北京最宏伟的建筑之一，人民当家做主的许多重大决策就在这里诞生。

赵州桥——世界桥梁建筑史上的一个经典奇迹，整座桥大洞套小洞，美观实用，浑然天成。

……

⚓ 人物中国

我们还有理由聆听并赞美这样一些名字——他们是新中国成立以来中华儿女民族魂的一种支撑，是整个世界唱得响的如此动听的旋律：

巴金、冰心、叶圣陶——巴金是中国现代文学史上的一代宗师，以长篇小说"激流三部曲"等再现了中国一个不容忽视的历史片段，是中国20世纪最伟大的见证人之一；《寄小读者》等是冰心最动人心魄的不朽灵魂的浓缩，这个一生为孩子写作的女文学家永远有着一颗高贵而素洁的爱心；新中国的教育与"叶圣陶"3个字分不开，与新中国一起诞生的新语文教材就是由他总领编写完成的。

雷锋、张海迪、焦裕禄、孔繁森、任长霞——他们是无私奉献、坚忍不拔、忘我拼搏、积极进取、心系人民的精神的象征，中国人民因为有着无数个这样品格高贵的儿女而变得更亲、更近、更真诚。

钱学森、李四光、陈景润、袁隆平——新中国的科学事业因为有着如他们一样的精英的兢兢业业和勇于探索而名扬世界，中国人民的热血也因为他们的成就而一次次沸腾。

容国团、邱钟慧、刘翔——容国团是新中国第一个世界冠军，他翻开了中国体育史上崭新的一页；中国第一个女世界冠军邱钟慧充分展示了中国女性的无穷魅力；中国男选手在奥运会上的第一枚田径金牌被刘翔斩获。

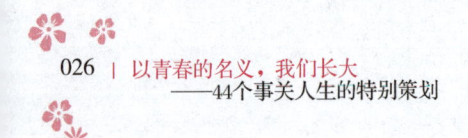

张艺谋、陈凯歌——1988年以来，中国电影因为张艺谋开始受到世界瞩目，柏林、戛纳、奥斯卡等国际性电影大奖颁奖现场均有他的身影；陈凯歌则成功打入美国著名影视基地好莱坞，以过人的机敏使自己的导演才能得以充分发挥。

……

⚓ 喝彩中国

66年来，我们的共和国励精图治，奋发图强，成为屹立于世界的东方巨人；我们的人民百折不挠，发扬民族之魂，设想并创造着一个又一个神话。鲜艳的五星红旗自1949年10月1日在天安门广场冉冉升起，此后一直在联合国、奥运赛场等高高飘扬，让我们见证了每一个伟大时刻。我在自己谱写的一曲颂歌中写下了这样的句子："每一次五星红旗升起，我的眼就会热泪盈眶；每一次国歌奏响，我的心就会豪情万丈……祖国，我的心时刻为你牵动，牵动！"是的，每一个中华儿女，都有理由在我们伟大的祖国66周岁生日的时候，以我们年轻的激情，工工整整地写下"中国"二字，为她祝福；以我们青春的热血，饱含深情地问候一声："中国，你好！"

中国——你好！

中国——你好！！

中国——你好！！！

> **悄悄地告诉我**
> 每一年的国庆，你都以什么样的方式来表达对祖国的爱？欢迎分享——记住，我在微信（chenyiacy）、微博（@尘衣）等你。

国籍：中国

不要问国家为你做了什么，要问你为国家做了什么。

生在中国不是我的选择，也不是我父母的选择，只能说是天意。

在国际公法上，国籍是自然人对某国负有忠诚义务的根据，也是国籍国对其行使外交保护的根据。

网上一直热聊着一个话题，是关于国籍的。首先是一些名人的国籍受到质疑，特别是那些担任人大代表或政协委员的人，受到的质疑更甚。

国籍是什么？在你眼中，它是怎样的？

⚓ 事件

关于名人的国籍之争

2011年和2012年，微博和论坛上分别出现质疑名人国籍的声音，有的甚至出现多个版本，网上甚至流传一张表，上面分别列出名人的现国籍。

质疑的焦点在这样两个方面：

一是有部分被质疑者国籍不再是中国的，却担任着中国的政协委员、人大代表、政府工作人员等，不符合中国的法律规定。

二是有部分被质疑者国籍变更为外国的，瞧不起中国，干吗还在中国大力发展事业？赚中国人的钱后往国外搬，数典忘祖。

除了以上两个方面，还含有很多因素。那么，这些质疑的声音究竟是否客

观？被质疑的名人是不是都经得起网民的检验呢？

热议

佚名：我只知道"老炎家"（尘衣注：指炎黄）的儿子要是还没忘记祖先和自己姓啥，是不会轻易去给老美家或老英家当儿子的。农村有习俗叫"过继"，就是谁家没了续后的香火，可求儿女多的人家"过继"一个来。一般的"过继"是去承继香火同时也继承财产的，不是啥亏事。但再穷的农民大爷，倘若不是实在穷得养不活那么多儿女的情况下，是不肯轻易地把儿子给别人的。这说明，咱的农民朋友面对再多利诱也不忘祖，再穷仍有气节。

山夫：精神信仰有时候比纯粹的物质利益更为重要。过去共产党人忘我的奋斗换取了全中国受苦受难的同胞的拥戴、尊重与执政的权力，但是，我们也该看到，现今社会还存在着一定程度的贫困、腐败。为杨澜说句公道话，是不是美国国籍不重要，关键在于能不能为民请命！

看点

房祖名退美国国籍

多年来，演员成龙穿唐装，拍中国人的电影，不遗余力地推广中国文化和慈善事业。如今，他的儿子紧跟父亲步伐，一派父慈子孝、其乐融融的温馨景象。

聊起房祖名退掉美国国籍的事，一向不爱给儿子好脸色的成龙也难掩骄傲和自豪：美国移民局找他谈过多次，想把他留下来。但他的态度很坚决。中国人嘛，总要认祖归宗，落叶归根。我跟他妈妈都支持他。

🔗 声音

你改没改国籍

旅日华侨宋文洲先生发表过这样一篇博文，值得深思。他特意谈到自己为什么不改国籍：

我在国外生活了27年，自然会被多次问及国籍的事，甚至有些观点不同的博友也常拿"你是日本国籍"来强化他们自己的立场。其实我一直是中国国籍，从没加入过其他国籍。

"你为什么不改国籍？"有日本人问，也有中国人问。

宋没有回答，而是先举了这样一个例子：

有一个"老华侨"，实际上刚40岁出头。他的祖辈是很久以前去的日本。他奶奶和妈妈都是日本人。从血统上来讲，他早已不算是纯粹的中国人，但他家一直保留中国国籍。他出生在日本，念的大阪大学中文系，毕业后回到中国工作。一个在日本接受了所有教育的人，没有"爱国"之类的高调，但从他的言语和行动之中可以感到，他就是一个中国人，他心系中国。他告诉我，以前中日战争时，他家里受过怎样的苦难。那肯定是他父母告诉他的。

而后，宋在文中谈到：

中国的经济起飞是在政治独立的前提下，靠中华民族自己实实在在地干出来的。领导人的开放决心和改革力度是重要原因，还有一点，就是我们有大量的华侨和华人在帮助我们。他们不光带回资金，更带回技术和思想。无论他们有没有中国国籍，他们都有乡土之情。在外国人不敢靠近的年代里，他们果敢地投资中国，为引进外资创造了条件。他们更多的是出于对故土的怀恋，对民族的信任，他们用仅次于生命的资金向中国的未来投票。

对于民众批评某些名人改变国籍，宋认为这种风气不好。认为，如果这些人做了不符合中国法律的事，比如隐瞒国籍，做了一个外籍人不应该做的事，触犯了中国的法律，那么首先应该起诉他们，而不必因国籍问题而感情发难。

事实上，和他一起去日本留学的同学中有很多人早早就换成了日本国籍。他的一个老同学后来扼腕叹息，说过早地拿到日本国籍"实际上吃亏了"。

有一件事使他意识到，他为什么不改国籍。他是这样描述的：

前几天，我妻子（日本人）问我认不认识一个叫"石平"的人，说在电视节目上看到石平在大肆地批判中国，很让人反感。妻子说，他说话太不客观，故意污蔑中国，显然是在讨好日本人。

无巧不成书。一个星期后，我以评论嘉宾的身份应邀去富士电视台，遇见了石平。在钓鱼岛问题上，他比土著日本人还要激进，因为他想向日本人证明，他多么爱日本。而那次电视台邀请我做节目，也许是为了平衡一下他而已。

因为他已经是日籍，我决心不和他正面争论。作为日本人，他应该有他的爱国之心。但是当被主持人问到"应如何看待中国的海洋政策"时，石平竟然说："历史上中国从来就没有进入过海洋……"我有些忍不住，就淡淡地进行了一次反驳："我姓宋，宋朝时的中国是经济强国。那时中国的航海能力是历史常识……中国船队远渡非洲也有记录。"

我之所以不愿和石平辩论，是因为我比他更知道日本人的心理。极右翼的日本人希望有石平这样的同党，想告诉人们："你看，连中国人自己都这么说了。"而一般的日本人，从心里就看不起那些不顾事实，通过过激行为讨好右翼的做法。毕竟，日本也是儒教之乡，人们讲究对故土的忠义。

因为是直播节目，走出富士电视台，我便打电话给我岳母（日本人），问她，今天节目的效果如何，因为岳母一直是我的"粉丝"。"不错啊！那个叫'石平'的人我很反感。我们日本人不喜欢那样的。"

这件事，触发了宋作为一个拥有中国国籍人士而发出这样的特别观点：

生在中国不是我的选择，也不是我父母的选择，只能说是天意。无论拿的是什么国籍，只要是一个向上的人，就不会负面地看待这个事实。尽管生为中国人有自豪的时候，也有可怜的时候，但那就像我自身一样，长处和短处一起构成了我自己。

无论国籍是什么，为人都应正直诚信，不亢不卑，不然你持什么国籍也不会受到真正的尊重——因为国籍代表不了人格。

宋的观点，你赞同吗？

⚓ **普及**

关于国籍

国籍是指一个人属于一个国家的公民的法律资格，也是国家实行外交保护的依据。大多数人都是通过出生这种方式取得国籍。根据出生取得国籍分为依血统和依出生地原则。根据出生取得国籍，并非按照个人意愿的一种方式，而通过加入取得国籍的方式，则是根据个人意愿或某种事实，并具备相关条件，才可取得他国国籍。

《中华人民共和国国籍法》第三条规定，中华人民共和国不承认中国公民具有双重国籍。在国际公法上，国籍是自然人对某国负有忠诚义务的根据，也是国籍国对其行使外交保护的根据。多重国籍者可能要对多个国家负有忠诚义务，这往往会给他带来许多麻烦，特别是在战争时期，更是如此。比如，倘若其两个国籍国之间发生战争，则无论他选择忠诚于哪一方，都会被另一方视为叛国行为。

你对国籍有什么样的理解？——记住，我在微信（chenyiacy）、微博（@尘衣）等你。

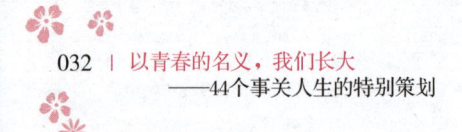

要怎样来爱国

爱国是一个公民起码的道德，也是中华民族的优良传统。

封建诸侯各世其位，欲使亲民如子、爱国如家——《汉纪·惠帝纪》

臣闻古之圣王爱国如家，故皇天亦佑之如子——《晋书·刘聪传》

⚓ 提示

2012年7月，日本政府决定购买中国领土钓鱼岛及其周边岛屿，由此引发中国政府和人民的严正警告和强烈抗议。中国人民掀起一波又一波反日浪潮，海内外爱国人士多次举行游行示威，旨在敦促日本政府不要一意孤行，做出不符合历史、不符合国际法则、不符合两国人民利益的愚蠢举动。

还有黄岩岛事件、韩国军警射杀中国渔民、菲律宾警察打死香港游客……在复杂的国际关系中，我们面临的不只是一个钓鱼岛。

如何来表达我们的爱国诉求呢？

⚓ 事件

杀死朋友，只为争论中日若开战谁输谁赢

2012年9月，海南省某酒吧发生一起故意伤害致人死亡案。

案发当晚，犯罪嫌疑人王某和同村朋友吉某一起到酒吧喝酒，23时左右又应朋友之邀一起来到另一酒吧。

一阵痛饮后，王某听到邻座的符某正在和人谈论"中国和日本如果在钓鱼岛问题上开战，谁输谁赢"的问题，当时符某坚称日本人会赢。王某见到谈此话题，也马上加入争辩，坚称中国会赢。双方争辩不休，越争越烈。符某争得气急了，随手拿起一个空啤酒瓶砸在王某的脸上，王某顿时鲜血直流，倒在地上。符某的几个朋友也冲上来。王某见对方人多势众，随手在地上拿起一个啤酒瓶就往外跑，符某不肯罢休，继续追打王某。逃跑中，王某砸破酒瓶，捅向符某的腹部。虽经医院抢救，25岁的符某最终不治身亡。

当地警方：本案件是一桩典型的民转刑案件。案件中，两人因为喝酒过多而失去理性，最终导致发生打杀行为，使两个家庭付出了惨痛的代价。喝酒误事，奉劝各位要时刻保持理智，一旦事情发生，悔之晚矣。

尘衣：王某算得上热血青年，但是这个"热血"，用错了地方——不是考虑怎样让自身发展壮大，而是对自己的同胞兵刃相向。

爱国游行时，示威者表现截然不同

2012年9月某日，全国多地爱国人士举行了大规模的游行活动，抗议日本政府非法"购买"我国钓鱼岛及其周边所属岛屿。游行队伍声势浩大，极大地鼓舞了国人的爱国热情。然而，就在这样一种让人热血沸腾的场面中，出现了一些不和谐的声音。一些地方有人做出打砸等过激行为，但有很多富有正义感的国人对此类行为进行劝阻，避免了一些不必要事件的发生。

西安，十几个人打砸日系车，甚至有日系车主因此受伤。

车主李某被人用一把U形钢锁重击头部，头顶偏左位置的颅骨被砸穿，当即倒地昏迷。

在西安做五金生意的韩某是个性情中人，富有正义感，行动力强，平时热心公益。他和几个朋友特意做了统一的红色衣服，组成"义工之家"，为贫困地区孩子、残障人士和弱势群体服务。遇到紧急情况，他也爱见义勇为，拔刀相助。他原本也是这次游行活动的申请者之一，但他坚决反对打砸抢的行为。

一路上，他已经多次劝阻了那帮人的打砸，甚至帮助一对慌乱中的母女倒车，让她们往回开。他没想到会有车主因此受伤。事情发生后，他帮助伤者李某的家属打车，将伤者送往医院，使其得到及时的治疗。

经历了这次事件，游行活动的参加者韩某和很多人一样，深感理性、善良、正义的宝贵。他说，在多数人围观、少数人打砸的状况下，站出来劝说、救人，需要强大的内心和责任感。

同一天的下午两点左右，在西安市长安中路的机动车道上，一年轻人手持一块纸板，纸板上写着"前方砸车，日系调头"。网友将照片上传至网络，打动了数十万的网友。

虽然打砸嫌犯最终落网，但相关事件不得不引起人们的思考。

人民网：理是理，非是非。丧失理智的拳头，吓不走嚣张的恶犬。泄愤式的"爱国"表达，只能让贼人偷笑，让外交被动，让同胞伤心。

尘衣：以爱国的名义，行打砸抢之实。一些人的爱国方式，偏离了轨道。像韩某和李某一样，理性爱国才是应当。

男子跳江，只为教育儿子"钓鱼岛是中国的"

2012年10月某日，一名男子揽着一个6岁左右的男孩站在大桥边上，然后脱下自己的上衣和裤子，仅穿一条裤衩就爬上大桥护栏。周围群众以为该男子要跳江自杀，还没来得及劝阻，男子已从50米高的桥上跳下。当时天色已晚，江面漆黑一片，只闻"扑通"一声响，不见其人。随后，有人报警。

"这大过节的，有什么想不开。""孩子才这么点大，可怎么好。"正当群众议论纷纷时，男子奇迹般地从江中游上岸，神情淡定。赶到现场的民警随即对其进行盘问。男子言之凿凿地指着桥上的男孩说："我这样做，是抗议日本侵占我国钓鱼岛，以实际行动让我儿子知道，钓鱼岛是中国的！"

山东文章：为抗议日本侵占我国钓鱼岛的丑恶行径，培养儿子的爱国情怀，这值得我们去尊敬。但是，教育孩子的方式有很多，何必非要去跳江不可？万一有个闪失，让你家6岁的儿子怎么办？

尘衣："有人要跳江！有人要跳江！"瞧，大晚上的，明白的，会在为您捏一把汗的同时，向您竖起大拇指；不知道的，却以为您在进行行为艺术呢。"钓鱼岛是中国的！"这是共识，毋庸置疑。做父母的，当然应该让孩子了解这样的事实。

尘衣主张

爱国不是暴力的通行证

没有谁会怀疑祖国遭受欺侮时涌动的爱国激情，没有谁不能理解当祖国遭遇挑衅后同胞们的愤懑与抗争。因为，一个没有血性的民族注定要被欺凌，一个永远韬光养晦的国家必然受气挨打。但是，有一个残酷的问题，我们不得不面对——靠那些失去理性的行为，可以保卫我们的领土吗？若要爱国，我们应当团结一致，共御外侮，这才是一个文明社会所应当体现出的文明素质与精神风貌。

谈爱国，请先爱同胞。一大群人围住同胞的合法财产，"大义凛然"地破坏，除了让法治文明蒙羞，只会让饱受其害的手足受伤；一大群人围住在华日本公民，"同仇敌忾"地讨伐，更是自降身价的冲动。日本右翼政客千方百计挑起事端，这些举动，正中他们的下怀，我们不能被日本的无赖带着走。

网上说得好：我们抵制日货，并不是要砸自己拥有的合法财产。我们应该在各行各业里都比日本做得好：我们的官员比他们清廉，我们的街道比他们的干净，我们的桥也比他们的结实，还有我们的年轻人，比他们更有未来，更有希望。少年强则中国强。爱国并不是要我们举起貌似孔武有力的拳头砸向自己的同胞，而是在各个方面将自己的国家改变得更好。

全球化的今天，我们应该让世界看到，和平崛起的中国，政府治理在进步，国民素质在提升。大时代需要大国民，日本右翼和周边国家的敌对势力最惧怕中国的强大。理性爱国，奋力强国，精心治国，才能真正捍卫国家和民族的尊严。

爱国是一种态度，不是一双拳头；爱国是一种理性，不是一根铁棍；爱国是让自己的国家变得更好，不是去伤害自己的同胞；爱国不是泄愤，而是要先爱法治，是要让我们的基本公民权利得到尊重与捍卫。

国是我国，当然爱之。对吗？欢迎交流——记住，我在微信（chenyiacy）、微博（@尘衣）等你。

你的梦，我的梦，中国梦（上） 你，就是中国

一个雨季由一滴雨开始，/一个春天由一朵花开始，/中国梦同样，以我们每一个人的梦开始。/请和我一样，不要嫌弃自己梦想的卑微，/将它放在手里，深情地握紧，/因为你我梦想的存在，/中国梦才变得可圈可点，/世界也因此更为斑斓。

这是朋友"低调飞翔"应我之约写的一首诗，他去北京追梦了。人人心中都有个梦。有人的梦回望过去，有人的梦期许未来。有人的梦心怀苍生，有人的梦与世无争。有人做美梦，有人做好梦。

个体的梦凝聚，便成为团体的梦，成为社会的梦，成为家国的梦。

当一个国家满怀梦想，她的每一分子会深受鼓舞，她的点滴动态会承受监督，她的发展进步会广受称赞，她的过去未来会极受瞩目……

当一个国家实现梦想，她的每一分子该享受成果！

你的梦，我的梦——中国梦。

2012年11月29日，一个中国梦被定义：实现伟大复兴，是中华民族近代以来最伟大的梦想。

一直有梦。而2013年这一年，因为梦想变得更加热烈飞扬，因为梦想变得更加厚重真实。宏大愿景承载着亿万人民的重托——将中国梦的伟大构想化为美好现实。

我们有必要进入中国梦的内核，这样才会使我们的梦更美好，更有品质，也

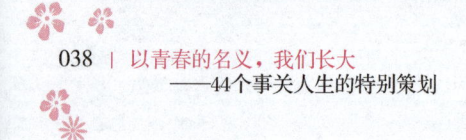

更有实现的可能。

⚓ 中国梦·背景

"实现中华民族伟大复兴,就是中华民族近代以来最伟大的梦想!"这一时代解读,既饱含着对近代以来中国历史的深刻洞悉,又彰显了全国各族人民的共同愿望和宏伟愿景,为党带领人民开创未来指明了前进方向。

实现中国梦必须走中国道路,这就是中国特色社会主义道路;必须弘扬中国精神,这就是以爱国主义为核心的民族精神;必须凝聚中国力量,这就是中国各族人民大团结的力量。中国梦归根到底是人民的梦,必须紧紧依靠人民来实现,必须不断为人民造福,让人民共享出彩机会。

微评:国家领导人的报告特别真诚,特别亲切,特别接地气,特别鼓舞人心。

⚓ 中国梦·时代特征

中国梦的第一要义,就是实现综合国力进一步跃升。共圆中国梦的根本目的,就是要实现好、维护好、发展好最广大人民的根本利益,进而提升全社会的幸福指数。要体现现代文明色彩,就必须超越数千年来创造的农耕文明形态。中国梦具有多个维度,而其价值维度就是要实现人的全面发展。

微评:实现人的全面发展,才能从根本上提升中国梦的吸引力、凝聚力和感召力。

⚓ 中国梦·回望

中华民族是个有着5000年文明史的伟大民族,早自秦汉就进入盛世。作为其载体的古代中国,曾作为世界上头号富强大国独领风骚达1500年之久,对世界文明贡献巨大。

文学：中华民族是世界上文明开发最早的古老民族之一。光辉灿烂的中国文学历史之悠久、种类之繁多、形式之丰盈，都可以与世界上任何一个文学大国的文学相媲美。第一部诗歌总集《诗经》，收集了公元前11世纪—公元前6世纪的诗歌。它反映社会生活的广泛性和深刻性，它的赋、比、兴的艺术表现手法，更为无数外国学人所称道。

自由：在古代，中国人较西方人要自由。战国时期出现了"百家争鸣"的局面，魏晋时期的人有放达之风；科举制度实施前期，竞争较为公平。虽然中国封建社会高度集权，但是自然经济（以家庭为单位）下的人，相对于西方中世纪宗教神学统治下的人而言，自由得多。

科技：中国古代科技源于生活，而生活需要各种实用技术。造纸、印刷、纺织、陶瓷、冶铸、建筑等中国人引以为豪的发明创造无不带有鲜明的实用烙印，这些发明加快了文明发展的速度。到公元前三四世纪，中国的科学技术开始达到世界先进水平，创造出工业史上、医学史上、天文史上等等一系列璀璨的文明硕果。

微评：时代在前行，曾经的辉煌，需要我们以现代的眼光去看待，以高度的热情去复兴，以科学的方法去超越。

⚓ 中国梦·动力源

要做到万众一心，必要条件是拥有一致的动力源。国际文化战略研究专家伟达解读：中国梦的主要动力有三大来源——第一，追求经济腾飞、生活改善、物质进步、环境提升，第二，追求公平正义、民主法制、公民成长、文化繁荣、教育进步、科技创新，第三，追求国富兵强、民族尊严、主权完整、国家统一、世界和平。

微评：的确，三者缺一不可。

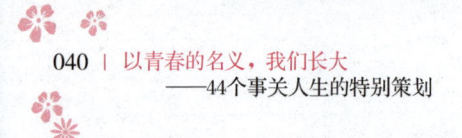

⚓ 中国梦·践行

实现中国梦,不能靠空喊口号,需要付诸行动。我们不妨以几个要点为参照:

一是"两个一百年"的发展战略。即中国共产党成立100周年时,全面建成小康社会,新中国成立100周年时,建成富强、民主、文明、和谐的社会主义现代化国家。

二是中华民族在历史上的兴盛状况。了解它的同时,我们也需要清醒地看到,当旧日的辉煌过去,世界进入工业文明之后,资本帝国主义的入侵,让这个曾在世界上独占鳌头的国家迅即成为由多个帝国主义列强瓜分的积弱积贫的半殖民地半封建国家。仅仅五六十年间,几乎所有西方和东方列强通过侵略战争,签订了数百个不平等条约,对中国进行疯狂掠夺。中华民族濒临亡国灭种的边缘。

三是参与者力量的大小。正是上述这种苦难中国的历史背景,呼唤着中国人的自强自立与崛起,而中国共产党的诞生,应时应景。她带领着中国人民接过历史"击鼓传花"的接力棒,一路探索,历经90多年艰苦卓绝的不懈奋斗,使中华民族伟大复兴梦的实现呈现出灿烂前景。

以上是践行中国梦的部分宏观要素,要实现中国梦,具体的实施需要从微观上来体现。

微评:实现"中国梦"这个长远的目标,需要每个人的付出与努力。袁隆平实现了自己的禾下乘凉梦,杨利伟实现了自己的飞天梦,莫言实现了自己的文学梦……一个人,即是践行中国梦的一粒种子。我们每个人,都可以付出该付出的一切,做一个实现中国梦的践行者。

⚓ 中国梦·我在

下面搜集到一些人对于中国梦的阐述,有没有和你心有灵犀之处?

姚晨（演员）：微博也是一个做梦的平台，人人在这个平台上聊自己的梦。这些梦想有大有小，有难有易，有破灭的也有实现的。但是不管怎么样，这些五彩缤纷的梦想都在照亮着前行的路，让每一个人都变成很生动的人。

汤素兰（儿童文学作家）：我的读者对象是孩子。说到自己的中国梦，当然也离不开孩子。中国社会对于孩子，历来没过正确的认识。我们看重的不是孩子本身，而是孩子将来的样子，或者父母所希望的孩子的样子。所以，我总是梦想，我们的社会能改变对于孩子的观念，让每一个孩子成为他们自己，让孩子们有更多的时间游戏，让每个孩子更像孩子，而不是小大人。

繁星闪烁（老师）：中国梦的实现离不开教育的强力支撑。广大教育工作者肩负着教书育人的神圣职责，责任重大，使命光荣。我会跟学生一起，共赴美好的明天。

邓玉飞（大学生）：国是最大家，家是最小国。国强则民强，国家好，大家才会好。我会好好学习，争取今后有能力报效国家，和大家一起，为实现我们共同的中国梦而奋斗！

何锦瑟（中学生）：以前俺真简单啊，只有个人的理想而已，根本没有把自己放到大时代的背景下，也没想过，自己的努力，应该为这个社会带来什么——至少得给身边的人带来些什么吧。

⚓ 中国梦·动起来

你是中国一个微小的细胞。你的形象就是中国的形象，走出家门代表"家"，走出国门代表"国"。到哪里都记得，你是中国人。

不要纠结于年龄尚小、影响力不够大，做一个正直的有梦想的人，与你学生的身份完全不冲突；不要纠结于不在社会前台，你同样可以释放出特有的中国力量；也不要纠结于阅历和知识存储量不够丰富，你完全有能力成为自己及他人的典范，因为，你正在自觉地履行你作为一个公民的责任。

梦想是人类对于美好事物的一种憧憬和渴望。有时，梦想会不切实际，现实

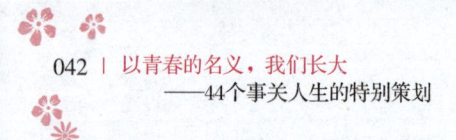

和梦想也会有差距——因为有差距，所以才追求。

人不是孤立存在的，中国是世界大家庭的一员，中国人同样也是世界的一分子，故，中国梦，同样是世界梦的一部分。处于伟大复兴进程中的中国，在追求本国利益和谋求本国发展时，促进各国共同发展，促进世界和平，把本国人民的利益同各国人民的共同利益相结合，以更加积极的姿态参与国际事务，共同应对全球性挑战，共同破解人类发展难题。

谁能说，中国梦的精髓，不包括这些内容呢？

你眼中的中国梦是怎样的？怎样才能实现你的中国梦？——记住，我在微信（chenyiacy）、微博（@尘衣）等你。

你的梦，我的梦，中国梦（中） 把梦，做进现实

"中国梦"承载了亿万人民的梦想和重托，重燃了中华民族伟大复兴的希望。实现中国梦，需要坚定的信心，执着的信念，和崇高的信仰……

一个你，十个我，千个万个中国人；

一个梦，十个梦，万众一心中国梦。

你的梦，我的梦，中国梦，世界梦。

好梦是一粒基因优良的种子，经过精心培育，终会开出绚烂的花，结出香甜的果。

⚓ 中国梦·十个梦

中国梦应包括两个层次的深刻内涵：从整体上把握，中国梦是民族复兴、国家强盛之梦；从个体上把握，中国梦是生活幸福、人生出彩之梦。具体说来，中国梦具有以下10个方面的丰富内涵：经济富强中国梦、政治民主中国梦、文化繁荣中国梦、社会和谐中国梦、生态文明中国梦、安居乐业中国梦、病有所医中国梦、学有所教中国梦、法治社会中国梦、人生出彩中国梦。

发展是解决我国所有问题的关键，中国人民梦寐以求的理想追求是人民民主。只有推动人民群众真正当家做主，才能激发人民群众对美好生活的向往，才能凝聚中华儿女同心共筑中国梦的中国力量。

文化是民族的血脉，是人民的精神家园。只有持续提升国家文化软实力，才能不断提升中华文化的创造力和世界影响力，为人类文明发展做出中华民族应有

的贡献。

不断健全公共服务体系，建设生态文明，让美丽中国成为中国人民享受美好生活的乐土和世界人民向往的旅游目的地。

安居乐业仍然是中国人特别是年轻人最核心、最现实的梦想。只有更加公平公正地为劳动者提供就业机会，持续加强劳动技能培训，大力改善劳动条件和工作环境，才能让人民群众充分就业，并享受劳动成果和劳动乐趣。

树立人人健康、一生健康的理念，与大自然和谐相处，强化文化修养与体育锻炼，提高平均寿命和生活质量。

教育是民族振兴和社会进步的基石，要坚持教育优先发展战略，逐步做到人人都有学上。要树立终身教育理念，完善终身教育体系，让学习成为人们工作和生活的一部分。法治社会是民众追求公平正义、自由和尊严之梦想的真正保障。

衣食住行、教育医疗终归还只是人类梦想的初级阶段。

实现中国梦，就是要将个人的奋斗与民族的发展有机统一起来，充分让每个人都享有人生出彩的机会，享有梦想成真的机会，享有同祖国和时代一起成长与进步的机会，真正实现每个人自由而全面的发展。

中国梦·梦之队

回到家乡，重振雄风

新加坡是个多民族国家，国家标志性的口号是：全国各族人民和谐相处。这个城市国家人口只有300多万，地域小，自然资源少，历史短，但发展很快。国家培养人才，引进人才，发展高科技，使国家迅速富裕起来。

吴秀琴到新加坡的时间不长。在她眼中，那里的朋友文明好客，自然环境优美，社会秩序井然，给她留下了深刻的印象。"然而也有朋友对今日的中国还不太了解，看我们中国人有时还用异样的目光。"这让她有些困惑与无奈。

一次，在洗手间里，有位女士当着众人的面问她："听说你们中国的厕所都没有门？"她没有据理力争，而是笑着摇摇头。她想："这可能是这位女士的祖辈当年下南洋时中国农村的情形吧。"中国早已今非昔比了——她诚恳地邀请那位女士到中国大陆观光、做客，看看现在的中国。

"在外百日好，还是回家亲。"她回到了家乡东北，"我们东北人，在抗日战争、解放战争、抗美援朝的斗争中，有崇高的民族气节和斗争精神；在社会主义建设时期，为全国的建设做过贡献。如今，我们东北人要在党中央的领导下重振雄风，这是我的家乡梦。在我的有生之年，能看到全中国内无忧、外无患、社会安定犯罪少、人人健康生活幸福多的和谐社会，这是我的中国梦。"

在智利主流媒体上刊登中国重大新闻

2003年，汤海清在担任新华社驻智利营销经理期间，曾经梦想过把中国的重大新闻刊登在智利的主流媒体上，来展示中国的对外形象，让全世界更好地了解中国。"因为，智利是新华社最遥远的供稿点之一，那时新华社在智利的影响力也不像现在这么大。"

为了实现这个梦，他穿越过世界著名的阿塔卡马大沙漠，去过安第斯山脉南麓的最尽头，与许多智利新闻媒体人士进行过座谈。

"2003年10月15日，中国'神舟'五号载人飞船发射成功！"

"这条令人惊喜的中国新闻，距离中国万里之遥的《智利信使报》等智利多家主流报刊媒体，不约而同地在重要版面以整版篇幅发布——它们一律采用特大字号红色标题，并配上中国宇航员杨利伟及'长城'运载火箭升空时的彩色照片。

"智利国家电视台等多家大型电视台也在黄金时间第一时段内播发了新华社这一重大新闻，智利环球通讯社不停地把这一新闻一条一条地转发给用户。

"一时间，中国官方通讯社发布的重大中国新闻，传遍了智利的山山水水和大街小巷，连报摊卖报人也不停地喊着：'中国宇航员！'一天之内，智利主流媒体如此大量刊登中国新闻，正面宣传中国在航空航天领域里取得的巨大成就，尚属首次！"

这就是他在智利工作期间的梦想和追求。"我们做到了，确实做到了，无比

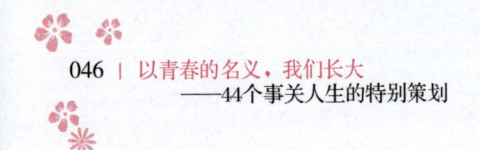

荣光地圆了我的中国梦！"

禾下乘凉梦

袁隆平演绎了一流科学家的应有形象：用技术创新解决人类最根本的需求。吃饱饭是最普适、最恒久、最颠扑不破的中国梦。经历过大饥荒的袁隆平，以他长达半个世纪的卓绝努力，不断改进其培育的杂交水稻，圆了这个中国梦。他所创造的奇迹，不仅普惠了中国人，也造福于仍在饥饿阴影中的地球村。他说："对，我真做过这样的中国梦，还做过两次。我梦见4年前研究的水稻长得比高粱还高，穗子比扫帚还长，穗粒有花生籽那么大，我就跟我的助手在稻穗下乘凉。这叫禾下乘凉梦。我现在愿意让我这个美梦早日成真。"

我们都是爱国者

在娱乐时代，陈道明是一个低调的演员；大家都齐步走的时候，他可能在散步；他用40年的经验主演了一台话剧，展现了戏剧的力量；他演过几乎所有朝代的帝王，但他只想做一个"正常人"。他就是中国演员的"那一个"：不从众，不趋时，以敏锐的知识分子气质，呼唤并示范德行、敬业、秩序和心底的柔软。他说，"正常"为什么是我在这个年代、这个社会里最原始的愿望呢？社会、国家、家庭以及职业都在一个有序的情况下进行，我们吃的、住的、用的都是安全的，就是正常。现在我选剧本的时候，会选能够跟社会对话的那部分内容和人物。因为我觉得来这一世，不能只取悦别人。无论我们说什么和做什么，只要在我们的底线内，只要是牢记一句话，都可以去做，都可以去说。这句话就是：我们都是爱国者。

播种金色的梦

曲直居士这样描述他金色的梦：

"当春江的浪花摇落满天繁星，点亮孩子们心智的门窗；当大地从黎明中苏醒，朝霞带着清新的空气抚遍鲜活的生命；我们，坚守在教育一线的人民教师，在生机盎然的校园里，开始播种金色的梦。

"我们的梦，很美，五彩缤纷。将梦播撒在学生幼小的心田，用汗水与心血日夜浇灌，让它长出美丽的翅膀，飞遍地球的东西方！少年是祖国的未来，他们，必将让中国自豪，让世界刮目！中国的梦是我们的梦，我们的梦是中国梦——复兴，富强，腾飞！

"为了那个共同的梦想，我们甘愿呕心沥血，风雨兼程，无怨无悔。"

融入时代，谱写辉煌

和我一样的中学生，叛逆归叛逆，梦想还是时刻在心中的。"90后"的视野、新锐，都胜过前代人。时间对我们来说，似乎是宽裕的。但有句流行的话说："好好珍惜，因为接下来的每一天，都是你有生之年的最后一天。"别说爸爸妈妈们对这话感受特别深，连我听了都觉得能让人一下子绷紧了生命之弦。有多少青春可以拿来浪费？青春很短，不可买、不可借、不可出租、不可赠送。那么唯有，哪怕哭着，也要实现自己的中国梦——和全世界同龄人一道，融入大时代，谱写大辉煌。

——任同学和你一样，做着这样的青春中国梦。

⚓ 中国梦·可能的见证

没有梦想的民族是可悲的，对美好梦想没有坚定不移、矢志不渝精神状态的民族同样没有前途。党和国家领导人数次提到中国梦，是因为当前的中国，比历史上任何时期都更接近中华民族伟大复兴的目标，比历史上任何时期都更有信心、有能力实现这个目标。

面对风险挑战和危险考验，为了实现中国梦，我们实干创新，通过正确的途径，不断增强道德自信、理论自信、制度自信，进一步赋予中国梦丰富的内涵，进一步凝聚团结奋斗的强大合力，进一步培育攻坚克难的顽强斗志，使"中国梦"有别于16世纪以来的西方梦和美国梦，让它成为世界各国人民的梦。

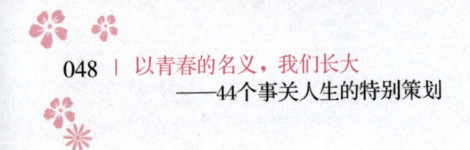

好梦是一粒基因优良的种子,经过精心培育,终会开出绚烂的花,结出香甜的果!

你的中国梦是什么颜色的?——记住,我在微信(chenyiacy)、微博(@尘衣)等你。

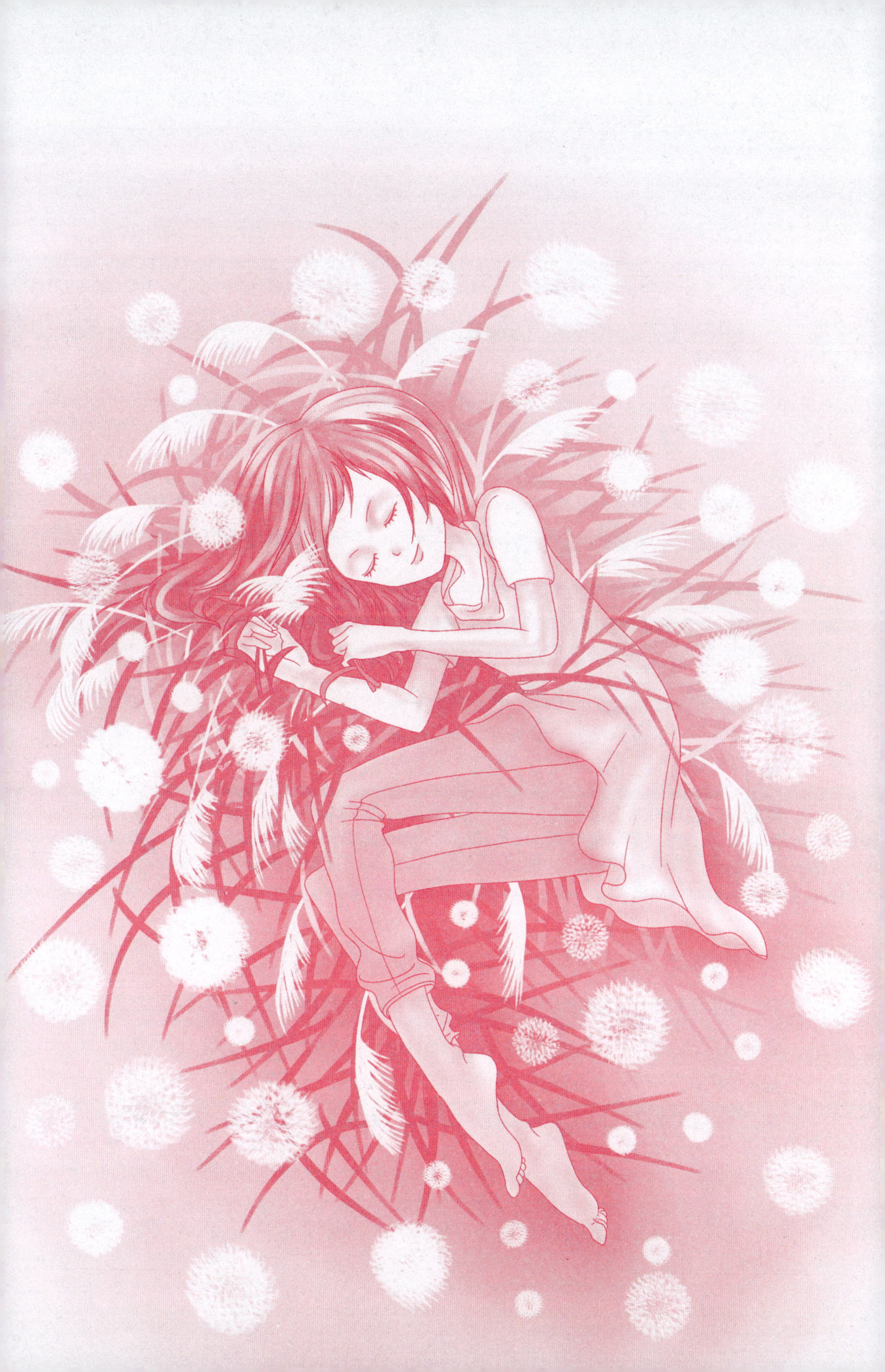

你的梦，我的梦，中国梦（下） 有梦，从双肩掠过

那件名叫"梦想"的衣裳，是一袭轻纱，幻成薄翼，牵引着我们，往天际飞。青春相伴，与梦同行。着纱"梦想"，心飞扬。嗯，再不做梦，就老了。

⚓ 一梦一生

黄爷爷（92岁）

实际上，我爸称他为"黄爷爷"，我应该叫他"太爷"。他耳聪目明，气定神闲。在20世纪40年代，他多么想让从小和他一样身为孤儿的人，都能有一个温暖的家。他在军队中很努力，从战士、班长一直干到副司令。他渴望打胜仗，那意味着他离梦想会更近。南京解放的那一天，他哭了。满身的伤痕，化成颗颗灿烂的星星，闪耀着光芒。

外婆（71岁）

20世纪50年代，新中国刚刚成立，百废待兴。刚过15岁生日的外婆和伙伴们一道，跟着大人参加劳动。火红的青春，激情澎湃，祖国的需要高于一切。她在笔记本的扉页上写着：青春万岁，报效祖国。事实证明，这不是空话。此后的将近50年，她用实际行动践行着自己的梦想：不虚度，在平凡的工作岗位上无私奉献。

大伯（47岁）

20世纪70年代末80年代初，万象更新。大伯不幸得了天花，由于各种原因，落

下了后遗症，有些小伙伴送他一个外号"齐麻子"。从此，他发狠，一定要成为一名医学家，获诺贝尔奖。当然，诺贝尔医学奖并没有光顾到他身上，但作为一名医术高超的医师，大伯救死扶伤，挽救了数以万计人的生命。谁说梦想一定要实现了才幸福呢？让他人感到幸福，哪怕离梦想一步之遥，也是一种幸福。

少年梦

一定要

巾帼不让须眉、激情四溢的黄同学告诉我，她的青春梦是这样的：

在12岁那个漫长而又愉悦的暑假里，我走向了祖国的大西北——兰州、西宁、酒泉、敦煌、武威、嘉峪关。一路上，我见识了戈壁滩的荒凉、雪山的巍峨，喝着从盐碱地里流出的雪水，那咸得咋舌的滋味，我却从中品出了丝丝生存的苦涩与辛酸。见到那四处漂泊的背包客行走四方的洒脱与豪迈，我就想奋不顾身地走遍天下，因为，我想要活得像宗璞笔下的紫藤萝一样，恣肆风流。

在2012年那个激情四射的6月里，我在心底许下一个宏愿：我要改变这世界！破舍残垣下冻得瑟瑟发抖的孩子一定要像我一样，穿得严实暖和，在雪光映射下奔跑游戏；肩膀上被压出老茧的老人们，一定要在家中就能用上干净清洁的自来水；所有无忧岁月的孩童，不是对着巨大的压力、繁重的课业头痛不已，而是一定要能在春风微漾里三五成群，放风筝于野外，在烈日下顶着荷叶快乐采莲，在秋风下捡拾枫叶，感悟落叶归根的奥妙，在雪地里垒砌雪人，嬉戏笑闹。

对于我的祖国——中国，我的心中一直有着浓烈的、深情的、化不开的热爱，我渴望长大，渴望成才，渴望建设家园。

我的梦在泛着迷雾时浮现，提醒着我肩头那份默默扛起、难以割舍的责任。

我的梦想很大，我自知。但我依然立志，踏青云，扶摇直上九万里，带着我的青春中国梦！一定要！

追寻

乐于追梦、文静聪明的方同学也有自己独特的表达方式：

青春有梦就去追，为自己的梦想而努力，为自己的梦想而奋斗。虽然一路走来很辛苦，但也无怨无悔，因为我们时刻有梦想在心中，也时刻在努力着。

有梦想就有奇迹。著名武术家李连杰5岁就爱上了中国武术，他下定决心：一定要练好武术，长大后将中国武术发扬光大。那时，日本武士鄙视中国武术，认为中国武术只是小儿科、三脚猫功夫，不用几招就能打败中国武士。李连杰知道了，发誓要练好中国武术，要让日本明白：我们中国武术才是最强大的。就这样，他心头有着坚定的信念，勤学苦练……终于在国际上崭露头角。他用实际行动证明：中国武术才是最强大的！

就算生活把梦想撕成了碎片，我们还有勇气可以粘贴顽强；就算今天把我们放逐流浪，我们还有力量可以寻找方向。

谁都有生活的权利，谁都可以创造一个属于自己的缤纷世界。你有梦，我有梦，人人都有梦。长大后做个女宇航员，是我一直不懈追求的梦想。杨洋、王亚平，中国女宇航员一个又一个地飞向太空，这给了我更大的信心。我会从最平凡的事做起：认真学习，强身健体，快乐向上，为实现这个梦想而奋斗！

梦想在跳舞

他们在微博上"@尘衣"，与我同聊一个话题：中国梦，我的梦。

笑语飞花： 说起来不怕你们笑话，我的梦想是长大后做一名环卫工人。看着他们辛辛苦苦，每天大街上的脏物扫不净，我就想做一名会运用高科技的环卫工人，到时候，只要用鼠标轻轻一点，那些垃圾就自动飞到垃圾桶里。多神奇！

尘衣： 会运用高科技的环卫工人，自己解放生产力，高！

华丽与颓废： 不是跟你们吹，貌似我至今还没有一个具体的梦想。我只想平凡一点，不为衣食所忧，快乐一生，就够了。

尘衣： 哈，你要做好心理准备了——看似最平凡的梦想，不付出很多还真难以实现哦。

风留宿的街头： 我喜欢反其道而行之。现在最热门的，都不是我想要做的。中国现在的强项，更不是我所担心的。我只在中国的弱项上下功夫，比如把中国足球搞得雄起，就是我的心愿之一。你看我卷起的灵动脚花，能秒杀几个对手吧？

尘衣： 在这件事情上，坚决允许吹牛——当然，更允许若干年后，中国国家足球队有你的名字。

彼此风花： 我家很困难，爸爸残疾，主要生活来源靠妈妈一个人。我在心中暗暗发誓：长大后做一名光荣的人民教师，把光明传递给所有家庭条件不好但热爱学习的孩子。尘衣姐姐，请为我加油！

尘衣： 此刻，我只想张开双臂，给你一个拥抱！

⚓ 名角梦

是梦想就会改变生活

著名主持人何炅说过，他曾想过要当舞蹈家，却因身材没有随年龄突飞猛进而长成了典型的"人矮腿短"，最终他舞蹈家的梦想灰飞烟灭；他也曾铁了心要当一名设计师，认定自己在设计方面有天赋、有潜质、有前途的他，最终跟设计无缘；他还想过要当滑水运动员、记者和律师……

曾经的梦想破灭了吗？不，它依然会影响以后的生活，哪怕你所从事的并非当初所想。何炅说，他现在四肢协调，在该动作的时候身手矫健，这是得益于他的舞蹈梦；他主持节目时常自己搭配服装，也在自己的书上配很多漫画，谁说他没有延续他的设计师梦想呢？这么说来，他的那些梦想还是改变了他的生活。

不珍惜生命就不配谈梦想

皮尔·卡丹被誉为永远的时尚先锋。

皮尔从小就喜欢舞蹈，他梦想当一名出色的舞蹈演员。可是，由于家贫，父母哪里能有闲钱供他上舞蹈学校呢。他被父母送到一家缝纫店去当学徒。父母的想法是，等他学成一门手艺后，能帮家里减轻负担。

皮尔很苦闷。他痛苦地认为，这样的人生毫无价值，不如结束这无聊的生命算了。就在他准备自杀的当晚，他突然想起了他从小就十分崇拜的布德里。布德里有着"芭蕾音乐之父"的美誉。皮尔觉得，只有这种级别的大师才能明白自己为艺术献身的精神。于是，他拿起笔来，向布德里写了一封信。信中，他希望布德里能收下他这个学生。他还说，如果布德里不答应他，他就只好为艺术献身了。

事情并不如皮尔所想的一样。布德里是很快便回信了，但并没答应他的请求。布德里在信中劝告皮尔，一个连自己的生命都不珍惜的人，是不配谈艺术的。布德里也谈了自己的理想，说小时候自己是想当科学家的，因为家贫而不得不跟一位街头艺人跑江湖卖艺。现实与理想总是有距离，自己选择了生存。只有好好活着，才能让理想之光闪闪发亮。

布德里的回信让皮尔猛然醒悟。从此，他努力学习缝纫技术，23岁那年，他开始了自己的时装事业。以他自己的姓名命名，创立了属于他的服装品牌——著名的"皮尔·卡丹"。他说，当舞蹈演员其实只是他年少轻狂的一个梦而已，当初他并不具备舞蹈潜质。

⚓ 尘衣主张

有时候，一个人的梦想不只是他自己的梦想，承载着家人甚至国人的梦想更伟大。梦想不可一蹴而就，全心做好正在进行着的事务，会缩短与梦想的距离。哪怕所有的付出与梦想相去甚远，但请记住：凡努力过，必留下痕迹。

此刻，你心中正有一个梦，对吗？它是怎样的，要怎样才能让它实现？有困惑或难处吗？欢迎交流——记住，我在微信（chenyiacy）、微博（@尘衣）等你。

出生在90年代

我们的祖辈大多出生在20世纪四五十年代，我们的父母大多出生在20世纪六七十年代，而我们，在20世纪90年代降生，是新中国的第五代，人称"90后"；或在21世纪初降生，是新中国的第六代，人称"00后"。或许我们的祖辈经历过炮火的洗礼，见证了新旧中国的更替；或许我们的父母经历过国民经济的兴衰，见证了综合国力的腾飞；那么出生在90年代、新世纪初的我们呢，经历过什么，又见证了什么？首先来看看，大人们是怎么看我们的。

"90后"，是彗星的尾巴吗？

我的朋友卫华是一位初中教师。谈到"90后"，一直跟青春期学生打交道的他，必定是有发言权的。他跟我谈到，从教十几年后，他发现，当时20世纪90年代的大学生正在教授一批20世纪90年代出生的学生。记忆中他读大学的时候，恰好是20世纪的90年代，那时有一种关于"世纪末情绪"的说法，很多思想激进的大学生深以为自己是世纪末的宠儿，是彗星的尾巴。而他发现，90年代出生的这批人并非人们常说的那样，也是彗星的尾巴。在出生的年月上，他们处在20世纪的末尾，但从真正意义上来说，他们应当是21世纪发出耀眼光芒的彗核。慧核的力量是巨大的，未来的半个世纪，中国的希望就寄托在这一批"90后"的身上。

他不无激动地说："他们的着装、他们的发型、他们的言语，还有他们的思维……一切都是新的。就像当年的电影《青春万岁》一样，他们已经发出了'所有的日子都来吧，让我来编织你们'这样的时代最强音。"

⚓ "90后",越来越"国际化"?

《千禧一代的崛起:下一个伟大的一代》(Millennials Rising: The Next Great Generation)一书援引美国一位15岁少年的话:我们是千禧一代,我们是另类的,自成一派。是轮到我们的时候了,到我们闪亮的时候了。"美国常常关注青少年动向的《新闻周刊》则以不屑的语气报道说:"今日的孩子们够糟糕的了。没有艰苦+没有理由=厌倦、愤怒和文化白痴。"

那么中国的孩子呢,这群出生在飞速发展的20世纪90年代的一代,他们还是我们期望中有着优良传统的带有"中国"这一明显标志的人吗?是否他们业已切入信息高度发达的世界中心,因而身上的中国味变得越来越淡了呢?

显然,"90后"中有很多人是哈韩、哈日等哈外一族,圣诞节、情人节等节日在他们心中比传统的端午节、中秋节更亲近。究其原因,还是现代高度发达的信息无孔不入的结果。一般来说,在这个信息爆炸的时代,世界某地发生的重大事件,一小时之内就可以通过互联网传遍全球。而对于具有较强接受新事物能力的"90后"来说,高科技的东西离他们似乎更近。于是,对于理解与传承传统文化,他们的兴趣似乎越来越小。

因此,在他们身上,"中国味"变得越来越淡。也就是说,将来的孩子,会越来越向"国际化"发展。

那么,事情果真如此吗?我们对自己的认识又是怎样的呢?

⚓ "90后",飞一般的感觉

个儿:我妈常感慨地说,现在的孩子个儿蹿得特快,十几岁就蹿到1.78米。说完后故作沉重地加一句:唉,我们那时候营养比不上你们哪!

玩具:严格地说,不能叫玩具,应该叫工具,比如手机就是。现在的中学生有手机不是什么新鲜事了——当然,绝大多数中学生的话费是父母掏腰包。也有极个别自己能掘金的，早早地便成为"创客"，但那是凤毛麟角，而且，极可能是天才。

时尚：太四平八稳的东西不能吸引我们了。我喜欢"暴走"。你去广场地下一层看看，卖溜冰鞋的店，生意火得不行吧？对，你也穿上试试，很酷，很炫，是吗？哈哈！

兴趣：游戏！游戏！当然是电脑的。贝克汉姆！姚明！当然是优秀的。"都教授"！周杰伦！韩寒！当然是流行的。

思想：个子冲得快，思想也成熟得快！"早熟"不仅仅是某一个孩子的专利哦，而是我们——整个"90后"的！

消费：在全球化生存的潜规则下，WTO（世贸组织）就在身边，肯德基、麦当劳店的常客一定是我们，找父母闹着要几身国际名牌的也是我们，觉得这一切很正常的当然还是我们。

总之，我们的生活跟坐在航天飞机上一样，飞呀，飞呀，飞一般的感觉！

是不是我们中的每个人都有和他一样的体会呢？我们再请一些伙伴来谈谈，当然，还请来了几位家长——因为他们是跟我们的成长关系最大的人。

⚓ "90后"，困惑无处不在

青华（安徽黟县，学生）：我们这一代人大多都是独生子女，被祖辈和父母娇生惯养，不免有些任性。"含在嘴里怕化掉，系在腰里怕掉了。"过多的宠爱，让很多人常常以自我为中心，毫不顾及他人的感受。设若一个人走向社会后，仍然不会做人，不会与别人相处，怎么会很好地生存？我觉得，这是我们这一代人最大的缺点和不足。

铿博（湖南岳阳，学生）：不够坚强，对友情过于依赖是我们这一代人需要注意的地方。如果仅仅因为和同学闹闹矛盾就寻死觅活的，这样的人也太脆弱了吧？

子烨（江西南昌，家长）：不是我不想和孩子处理好关系，是他实在太闹腾。你要往左他偏往右，你要往东他必定往西，反正和你对着干。他呀，一切追求"标新立异"，总以奇装异服为美，还打耳洞，挑染头发，说这样才算"酷"。他根本就不把自己放在一个学生的位置。难道模样清纯一点不好吗？学生就得有个学生的样嘛，对吗？你说多了，他说你真烦，说你把他管那么严，简直是让他受罪。唉，不说了。

黄颖（山东青岛，家长）：我曾经跟读初二的孩子谈到过"理想"这个话题。他一点也不像我们那时迫切地说想当科学家、画家、老师、医生之类的，脱口而出的是演员、歌星、律师、运动员、理财专家等。我问原因，他说，这些人又风光又有钱！可是未来有多少人能进入他所说的行业呢？就算有这些方面天赋的孩子，也得往这些方面努力呀！孩子后来补充一句：万一不行就刷新一下呗！瞧，他把理想比喻成网页了，一不高兴就重新来过，倒也是洒脱。希望他不断刷新的资讯库里能沉淀下来对他有益的东西，哪怕仅仅一样。

⚓ 尘衣主张

"90后"是相对于被热炒过的"80后"而言的——就是这群出生在20世纪90年代的学生。他们会写"火星文"（又称"天书"，一种随意自创的由符号、简单图形和文字构成的句子或篇章），会电脑等很多上辈人和上上辈人不太会使用的新鲜事物；他们把自己的生日记得比任何传统节日都牢，啥都能少就是不能少了生日庆祝会；他们其实更自我，更有主见，但他们更让喜欢众星捧月的大人担心：担心他们过于脆弱，担心他们容易迷失自我，担心他们受外域文化的影响而变成"四不像"，甚至担心他们数典忘祖……

但是尘衣想说的是，事物总是向前发展的，这是自然规律吧——大人们不也是从婴儿、儿童、少年、青年再到壮年和老年的吗？时代的变迁同样如此。既然生了一双翅膀给他们，就不必再将他们藏于腋下，让他们自由地翱翔吧，总有一天，他们会拥有一片属于自己的蔚蓝天空！

身为"00后"的你们呢？当然和"90后"一样，也有必要去了解自己国家和民族的文化、历史，思考它们的未来，鉴古知今、承上启下、开拓创新都是我们应尽的责任！

你是"90后"还是"00后"，你有什么宏图大志？欢迎交流——记住，我在微信（chenyiacy）、微博（@尘衣）等你。

撩开青春期性教育的神秘面纱

2003年8月，北京市出现一桩"咄咄怪事"：3000副扑克牌大受学生家长青睐，很快被抢购一空。以往对孩子玩牌，绝大多数家长是持反对意见的，哪有家长主动要求孩子"玩"牌的呢？难道，这种扑克牌有什么特殊魔力？

其实，这种扑克牌只是性教育的一个小小内容。它里面全是有关学生性健康教育的知识，图文并茂，浅显易懂。很多家长感到尴尬而难以应对孩子提问的性健康话题，孩子从这里都可以一目了然。近年来，性教材、性知识讲座、性教育展览等在全国各地遍地开花，受到包括家长、学生和老师在内的人们的普遍欢迎。受了几千年的禁锢后，我国的性教育终于大大方方地走进了很多幼儿园和中小学课堂。

⚓ 学生："性"不需要善意谎言

王雨芳（性健康意识：★★★★☆）："我从哪儿来？"记得3岁多的时候，我就这样问过妈妈这个问题。可是，妈妈并不告诉我正确答案。她"骗"我说："你呀，是从爸爸的腋窝下爬出来的。"我不信，又缠着爸爸要看他的腋窝，难道我能从那里爬出来？可看来看去，爸爸的腋窝除了一丛腋毛外，连一个针眼大的小洞口都没有呀？妈妈接下来是这样说的："那是医生把它缝起来啦，所以你就看不到喽！"真是这样吗？从那时开始，这个问题就一直困扰着我。直到上了生命健康课，我才明白，人是怎样来的。

龙美玉（性健康意识：★★★★★）：其实很多时候我们听到的都是那些

"善意的谎言"。我认为，父母大可不必撒谎，因为这是人类发展的自然规律，为什么不可以让我们了解一些实实在在、对我们有利的东西，而要人为地去加以掩饰，甚至将它们罪恶化呢？如果做父母的把"精子和卵子相遇产生受精卵"等过程编成一个形象的童话，在我们提出这种问题时给予认真的解答，这样就满足了我们的好奇心，让我们自然而然地理解了"我从哪儿来"这样的生命课题。更重要的是，这样给我们留下的是"性美感"，而非"性罪恶感"。

尹立流（性健康意识：★★☆☆☆）：由于青春期特有的好奇心，我对一位女生产生了好感，没想到她居然没有拒绝我，于是，有些意想不到的事在我们之间发生。此后，两个人的精神、心理和身体上承受了巨大的痛苦与压力。以前老师和家长根本不会提及这些方面，我对"性生理"了解一点点，且了解途径全部来自家庭之外，如学校书本、电视和电台等传媒，以及同学之间的交流。至于"性心理""性道德"等深层次的问题，根本无从了解，这个问题也一直困扰着和我一样的同龄人。

⚓ 老师：性教育是成长中不可或缺的养分

深圳某学校的第一节性健康教育课由崔老师率先开讲。崔老师采用孩子们喜闻乐见的讲故事、表演节目等教学手段和形式，将概念化的性知识形象化、生动化、趣味化，着力破除性的神秘感和学生的羞涩感。她说："上性教育课，老师的心态非常重要。只有老师具备了健康的心态，才能引导孩子正确了解性知识。性教育对学生的身心成长至关重要，老师在讲解时一定要把握好分寸。"

湖南某中学施校长说，对学生实施性教育是很有必要的，因为现在的孩子受到外界的影响太多，他们会盲目地模仿大人。实施性教育，可以打破性对他们的神秘感。同时，性教育应该因年龄施教，由浅入深，没必要一下子讲得太深，那样反而不好。另一方面，他认为作为孩子"第一任老师"的家长，在这方面也有着不可忽视的作用，家长应该配合学校正确对待性教育，因为孩子在同父母谈论这些问题时最能坦诚相见，而且不会觉得过度尴尬。

尘衣：有相当一部分同学在调查过程中表示，学校开设的健康教育课非常好，是他们认为获取有关性知识的重要途径。而父母的性教育对他们也很重要，因为"父母知道什么是好的，什么是不好的，对我们的成长绝对有好处"，但方式还是要"轻松、随意"，生搬硬套既难懂，又容易引起他们的反感。而最令他们产生排斥心理的，是大人对他们不说实话，撒一些"善意的谎言"。由此可以看出，做父母的在孩子的性教育过程中所起的作用是非常关键的。

家长：遭遇性教育，羞涩更兼不懂

妈妈正在洗浴。隔着浴室的玻璃门，坐在客厅的父子可以模糊地看到妈妈玲珑有致的身体。爸爸不经意地说："看，你妈妈多漂亮啊。"儿子说："是的，爸爸。可是爸爸，为什么妈妈的胸和我长得不一样呢？""儿子，那是妈妈特有的标志。你小时候呀，就是吃着妈妈的奶水长大的。妈妈的两个乳房呢，就像两只盛着奶水的碗，每天让你吃得饱饱的！还有，因为只有女人才有乳房，所以，它也是女性美的一种标志呀！"

这是一堂多么生动的性教育课！它来自我们司空见惯的日常生活，自然而然地，孩子就会懂得很多性知识，而且毫不尴尬。

杨龙英（母亲）：我一直很关注孩子的身心成长。但遇到她的一些身体特征发生变化时，我竟然觉得不好意思与她去讲。因为在我们的观念中，这些东西是比较隐秘的问题，从来就是靠自己在生活中慢慢领悟，哪里好拿到口头上去大讲特讲呢。

肖宇恪（父亲）：我觉得我对孩子这方面的教育还是有行动的。但问题是，以前根本没有这方面的比较适合的书，自己把握不准到底要怎样去跟孩子说。说到底，还是自己这方面的科学知识比较贫乏，所以在教育孩子时才感到措手不及。现在学校开设性教育课程，毫无疑问，是一件很有积极意义的事情。

尘衣：性知识可以通过培训而很快掌握，并不需要性科学领域的专业人士去执教，只要家长注意掌握这方面的知识，就可以教育孩子。有调查显示，孩子从家长那里获得的性知识不足5%。这说明大部分家庭在处理"性"这个问题上，对孩子是封闭而"羞涩"的。即使有家长决定与孩子沟通，但怎么启齿，讲得浅显或是深入，却是全无把握。他们担心的是，跟孩子讲了这些，会不会弄巧成拙，适得其反？这不能不说，是一个令人非常遗憾的问题。有些孩子在遭到性侵害时不懂得如何保护自己，而有的孩子甚至以性害人，这与我们的家长由于性知识贫乏及害羞心理等而不能正确对待性教育是不无关联的。要知道，父母关心并能正确地对待孩子的性健康，等于给了孩子一生的幸福。

⚓ 专家：性教育要从0岁开始

高德伟（北京性健康教育研究会会长、首都师范大学生物系教授）：人的性意识从两三岁就开始有了。这时，孩子只是出于质朴的好奇，才会提出有关性的问题，但他们并没有成人的性概念。研究表明，儿童时期不合适的性教育会在孩子成人后引发性心理障碍、性扭曲、性功能障碍等问题。他认为，性教育开始得越早越好。幼儿园和小学一二年级时，就可以让儿童知道性生理，如性器官、生殖原理。随着年龄增加，再逐步开展性心理和性伦理教育，可以造就健康的心灵和人格。

孙云晓（中国著名青少年教育专家）：我们应该在孩子进入青春期之前，就进行性教育。阴茎、阴道、子宫就像日常使用的杯子一样，对他们来说都是知识的一部分。性，好比一层薄纸，捅破了也就没有什么了，不要把它搞得很神秘。

姜明（上海市性教育研究会）：其实性教育在我国自古就有，它贯串在人的一生中，新生儿呱呱坠地，从男女生殖器来识别性别，这就是性教育内容。所以，性教育应从0岁开始。除了性生理教育，性心理范围也很广，对孩子的结交朋友与青春期卫生知识，也是学校与父母必须过问的。特别是对女孩子晚间独身行动，更要采取保护措施，必要时要挺身而出，保护既开始成熟又未完全脱离幼

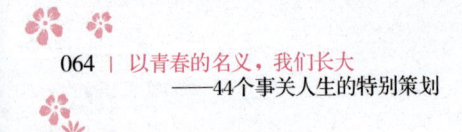

稚的孩子。

⚓ 尘衣主张

资料显示，我国每年有2000万青少年进入性成熟期，年龄普遍比20世纪70年代提前4~5岁。可见，家庭、学校、社会密切配合，尽快建立一套统一的、完整健全的性健康教育体系，理直气壮地在校园开设性教育课，将性教育在学校制度

化，普及青春期性健康教育，加强青少年的性自我保护意识，迫在眉睫。

☆相关链接一☆

编写"性"教材，进行性教育

2003年1月，我国首部关于青春期性教育的系列教材在哈尔滨正式出版。随后，北京、上海、广州、深圳、重庆等省市区都专门开设了性教育课程。从此，"家长羞于说，老师挑着讲，学生偷着看"等有关"性"的怪现象，有可能一去不返了。

哈尔滨系列教材针对初中、高中、大学等不同年龄段的青少年，共分3册计30余万字。据编写负责人介绍，教材内容由浅入深，主要有青春期性发育、性心理特点和障碍、性保健和自我保护等内容。这从某种程度上体现出，"谈性色变"的旧观念和思想禁区正在得到解放，我国的性教育改革终于迈出了关键性的步伐。

"贞节过时了吗？""如何辨别性骚扰？如何正确处理它？"等六大敏感话题出现在北京市首部青春期性教育教材中，这套教材在海淀区部分中学于2003年9月份开始试用。在其中的《初中性健康导向》教材中可以看到这样的文字："当性骚扰和性侵犯发生时，机智而且勇敢地应对是可以终止侵害的，决不能软弱无力任人宰割。大声呼救、转移犯罪者视线、暗示在场者都是应对的方式。"这是教学生如何面对性骚扰的部分内容。

湖南、上海等地也开设了生命教育课，通过举办图文展览，让性知识大大方方地走进校园，让孩子们不再困惑、不再迷茫。

☆相关链接二☆

域外性教育信息

美国：学校会给家长发一份通知，安排几次性知识教育课，内容包括预防

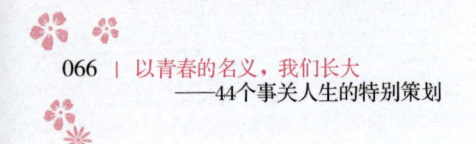

性疾病等，课程按男女分开进行。如果家长不允许孩子参加，要在通知上签名让孩子带回学校，以后孩子若有诸如少女怀孕、艾滋病等，家长不可指责学校教育不力。

加拿大：温哥华有一个大名鼎鼎的天体海滩，那儿不乏可供直观教学的实物。很多家长带孩子去，一切尽在不言中。学校对这方面的教育一向很重视，甚至可以说是十分直观，青春性教育已经是非常普遍的现象。

英国：英国的性教育经过多年来的实践，已经建立起一个多角度、多层次的教育体系：从5岁开始，分4个阶段，把性教育排进课表，根据"国家必修科学课程"的具体规定来进行性教育。按教育部的规定，学校在开设以上内容的课程时，必须制定详细的政策与实施细则，供学生家长及监督部门检查。

接受过性教育吗？怎么理解它？欢迎交流——记住，我在微信（chenyiacy）、微博（@尘衣）等你。

嘿，博客旋风炫酷而来

博客是网络日志，是继网络聊天室、网络论坛（BBS）后又一革命性的网络载体，是自媒体之一。可以说，自媒体始于博客。由于其具有较为特殊的意义，本文主要聊聊博客。值得注意的是，网络发展迅猛，新生事物同样层出不穷。所以，本文同样适用于崛起于博客之后的微博（碎片化阅读的载体）、微信或其他手机应用客户端（App）等自媒体。

说不定哪天，你也会黑马一般，斜刺里杀出，给互联网来一场颠覆性革命。

毫无疑问，发展到今天，互联网已经与我们的生活息息相关。blog是继e-mail、BBS、ICQ之后的第四种网络交流方式。在网上，日记不叫日记，而叫"博客（blog）"，简称"博"。博客一词源于"Weblog"，是网络日志的缩写，是网络中一种十分简易的个人信息发布方式。将blog翻译成"博客"，并将其概念引入中国的第一人方兴东说："博客，是一种崭新的生活方式。它可以拓宽人们的社会关系。我认为，衡量一个人的成就，就看你怎么样改变生活。你很好地改变了生活，你就是成功者。而博客绝对能够改变所有人的生活。"

我"博"，我酷！我"博"，故我在！随便取个名，申请个博客，我们就可以在上面记录自己每天的所思所想所疑所惑所笑所哭所静所闹，可以将个人的工作与学习情况、生活故事、思想历程等及时记录和发布，发挥个人的无限表现力。它更可以以文会友，结识和汇聚朋友。于是，无可抗拒地，很多学生拥有了自己的博客。

那么从辩证的角度来看，博客这一逐渐渗透到我们生活中的交流方式，在好处多多的同时，又会有什么样的弊端？当我们遭遇博客时，要怎样来提防网络附加信息无处不在的诱惑，坚守自己那片纯净的心空？让我们来看看各位朋友的声音对决！

⚓ 正方：我就玩"博"，何罪之有

代表一： 我爱博客。我的博客用的匿名。在那里，我像个心理医生，有时扮成老师，给别的同学排忧解难；有时装班干部，为情绪不好的同学排解苦闷；有时我自己闹情绪了，也会写篇文章来装腔作势地痛哭一番，这时就会招来许多网友的安慰与呵护。现在，它俨然一间心理诊疗室，帮助许多同学走出了心理阴影。中学时期的压力很大，虽然学校有这样那样的兴趣小组，可是分数依然那么顽固地决定着我们的命运。博客提供给我们开放的、可以直接交流和沟通的舞台，我们可以在上面哭或笑，可以尽情地发泄。因此，我爱博客，拒绝人们"不管三七二十一，对博客'格杀勿论'"！（学生）

代表二： 不要因噎废食。因为思想和阅历的欠缺，学生在网上开个博客，可能会引发一些问题或弊端，但不能因此而因噎废食，将其扼杀在摇篮中。博客交流比传统日记更好的一点是，它是公开的，家长去看孩子的博客，不会存在父母"偷看"子女日记的问题，自然而然地，两代之间会少了一根引发矛盾的导火索。何乐而不为呢？（形象设计师）

代表三： 将话语权还给学生。我倒觉得，中学生既然喜欢上了博客，就应该放手让他们在这一方天地里随意描绘。只要不影响正常的学习，让他们利用博客，去探求思想，寻找快乐，尝试着在网络上进行虚拟的社会实践，不是挺好吗？孩子们如此用心的时刻，我们是应该在欣赏中报以称赞，还是在戒备中准备随时打断呢？（销售主管）

代表四： 给孩子一个自由的空间。我们都曾经写日记。现在回想起来，在大人眼中最难应对的青春期中，日记给我们带来的自由真是太多。现在的孩子虽然不缺吃、不缺穿、不缺书读，却少了朝夕相处、嬉戏打闹的兄弟姐妹。他们面

临的困难可能更多,他们更需要倾诉,需要宣泄,需要一个给心灵透气的自由空间。比起我们当年的日记,博客给了他们更多的表达方式,与更加多样化的选择。给孩子们一片自在的天地,在这里,他可以选择躲藏或者张扬。(公务员)

反方:为什么要玩"博"

代表一: 暴露有时没有好处。我以前写博客,也交到一些朋友。但是有一次,我在自己的博客上写了几句对老师和同学的看法,意外地被老师看到了,结果造成了不大不小的麻烦;还有一位同学,居然说我不尊重她的隐私权,非得和我闹个水落石出不可。唉,这"博",不玩也罢,麻烦!(学生)

代表二: 莫让一些不良因素潜滋暗长。我儿子所在班里,有个别中学生居然在网上建立"作业博客",为同学们互抄作业提供方便。这简直太令人费解了。(家长)

代表三: 博客容易分散注意力。孩子在网上写博客,我不是特别支持。我认为,学生还是应该以学习为主,不要为其他事情过多地分散注意力,浪费学习时间。人的时间和精力都是有限的,如果写博客占用太多时间的话,那么用在学习上的精力就会受到影响。(公务员)

代表四: 青少年写博客隐患多。博客实际上有很多坏处,比如学生很容易因泄露个人隐私而成为犯罪目标,容易让学生为了提高点击率而主动传播不良信息来吸引眼球,更大的弊端是容易让他们因过分依赖博客而导致与人疏离,增加交流上的障碍。(心理学专家)

代表五: 警惕博客背后的眼睛。我是一名刑警,曾经办过这样一个案件:一个14岁的女生被博客中结识的网友拐卖到千里之外的山区,受尽了屈辱和折磨。中学生由于心理和生理等诸多因素,心智还不成熟,很难分辨复杂的社会现象,由于好奇和无知而误入歧途者大有人在。是的,博客上可以上传照片和日记,可以交流心得培养同学情谊,那为什么不把这种形式变通一下,放在校园里进行呢?比如学生手抄报上也可以放上照片,黑板报上也可以刊登文章,这样同样可以让学生参与交流和评论。毕竟相对于复杂的社会环境而言，学校这片土壤是纯净的，天空是蔚蓝的。我们为什么要舍弃学校这个相对安全的空间，而给犯罪分子提供可乘之机呢？那些热衷于在网络上写博客的同学们，一定要警惕那些不怀好意的眼睛！（公安干警）

⚓ 中立方：博客是把双刃剑

博客在成年人这里，是在网络上宣泄个人情感，表达自我个性，相互沟通交流的平台。因为作为成年人的他们，已经可以对其行为和言论负完全责任。而作为未成年人的中学生，如果要使用博客，肯定需要家长、老师和社会的正确引导，这样才能做到健康、有节制。对于学生而言，博客是把双刃剑——有人通过它表现出才华和天赋，也有人在上面浪费时间，耽误学习。我个人不反对中学生写博客。因为作为新兴事物，博客是科技进步、时代发展的必然体现。好的工具，还要好好使用。所以，最重要的，是学校、老师和家长，都能通过博客来引导学生分享快乐、积累智慧和碰撞思想。学习期间，大家正好可以借此机会，用文字表达学习心得、生活感想等，既锻炼了文笔，又不至于影响学习；而假期呢，就可以适当把博客弄得漂亮些，加些诸如音乐、视频之类的元素，做得五彩缤纷，赏心悦目，也不失为一种寄托和消遣。博客作为自媒体，就像一份小型立体报纸，将自己所写的好文章"发表"出来，会有成就感，同时也可以和同学之间互相学习。此外，学生自己管理博客，也是一种能力的锻炼。不过，玩物丧志，对任何事物不能迷恋过度。毕竟，青少年最主要的任务还是学习，因此对博客的迷恋一定要适度——只将它当个笔记本，已经足够。（老师）

⚓ 尘衣主张

近段时间以来，博客已经从IT经济符号上升为一种文化符号，逐渐成为人们的一种时尚生活。唇枪舌剑，辩论无对错。双方各执一词，谁是谁非并无定论。

每一种新生事物的出现，在其带来积极意义的背后，总会有这样或那样的隐患，需要较长时间才能有效地制约和完善。在网络保障机制还不健全的时代背景下，青少年在网上开通博客虽非完全不可，但得有个尺度，要提高自己的辨别能力，能保密的信息就没必要去暴露无遗，这样，可以避免犯罪分子利用青少年的单纯而使其遭受欺诈和伤害。

小贴士：为你支招

如果你想开通一个网络博客，又怕家长和学校反对，那么你不妨：

1. 将博客当成施展你聪明才智的舞台，趋利避害，充分发挥其"阳光"一面的功能，让它最终成为你真正的"炫酷博客"；

2. 说服家长以朋友的身份来参与，请他们利用自己的智慧和经验来引导和鼓励你，通过博客来感知你的心灵世界；

3. 学校可定期举办博客制作大赛，看看谁的综合素质更高，让它成为素质教育的一种积极的表现形式。

最时新的还是博客吗？是什么？有没有兴趣引领一下潮流？欢迎大家交流——记住，我在微信（chenyiacy）、微博（@尘衣）等你。

迷信与邪教？我们说"不"！

⚓ 当心迷信与伪科学与你"亲密接触"

你相信算命吗？在我国，每4个人中就有1人"非常相信"或"有点相信"算命。这一由中国科协在2003年公布的调查结论，再次引起人们对愚昧迷信现象的关注。

封建迷信是指人类对超自然力量的崇拜和信仰，是对客观世界的一种虚幻的、歪曲的反应，是愚昧落后的表现。

故事写真

那天，爸妈都不在家，我忽然高烧不退，奶奶请来人称"鬼见愁"的巫婆为我驱邪。当时，我连说话的力气都没有了，只能眼睁睁地看着巫婆摇头晃脑，又叫又跳。巫婆还怂恿奶奶给她20块钱请神用。巫婆装神弄鬼的样子让我更加心烦，头痛欲裂。我模模糊糊地听见巫婆几次骗奶奶拿钱出来，奶奶每次都言听计从。然而，我的病不但没有丝毫好转，反而全身抽搐起来，人变得神志不清……醒来时，我躺在医院的病床上，邻居成叔坐在床前看着我。原来，听到巫婆的尖声怪叫，不信邪的成叔强行背起我往镇医院赶，终于让我转危为安。唉，不过是一次普普通通的急性热感冒，却因为迷信，险些要了我的小命啊！（小兰）

> ✳ **小调查：你怎么看待迷信？**
>
> 正方：再迟一步，后果将不堪设想！所以，我们要坚决反对迷信，相信科学。不但要从自我做起，还要劝告身边的亲友远离迷信。
>
> 反方：小兰同学也太大惊小怪了吧？那怎么是迷信的错呢？说不定巫婆帮你将鬼吓走后才什么事都没有了呢。
>
> 辩论正在激烈进行，你会站在哪一边呢？请说出充分理由。

微评：封建迷信最严重的危害是对人们生命与健康的摧残。生病后，不要企图以求神拜佛、烧香叩头、驱魔赶鬼等方式来为自己或亲人治病，而要相信科学，求医问药，否则，其结果只能是导致病情延误，甚至使病人生命垂危或者死亡。

差一点发生的事件

罗强的妈妈和李洛的妈妈是亲姐妹，两家素来相处和睦。有一天，一个测字先生对罗强的妈妈说，她的亲妹妹即李洛的妈妈是罗家的"克星"，必须将其除掉。罗强的妈妈信以为真，便想找机会将李洛的妈妈害死。幸好被人及时发现作案工具与作案动机，否则极有可能造成恶劣后果，罗强的妈妈自然也会因此受到法律的严惩，两个原本和美的家庭会因此毁于一旦，这种触目惊心的事件如若任其发生，悔之晚矣。

如果你是罗强，当时正在现场，你会怎么分析，怎么做？

⚓ 提防迷信以网络为"温床"

故事写真

最近班里的同学总是将"星座""命理"等词语挂在嘴边。有一次，美悦悄悄地对我说："昨天中午看到街头有电脑算命的，就算了一下。巧的是，昨天晚上我悄悄地上网时，在星座算命的网站输入自己的资料，竟然和电脑算命的结果一模一样：都说我的'青春痘'会破坏我的运程！"我说："这个你也信？闹着玩还可以，哪能当真呢？再说，'青春痘'不过是由于我们处在青春期，内分泌相对而言旺盛些而已，与人的运程毫不相干。你看，我不也长了吗？"美悦却不听，说："电脑、网络上说的，这是科学！我怎么不信？"她竟然说这是科学！纯粹的伪科学嘛！后来，她干脆一门心思全花在怎么对付"青春痘"上。由于胡乱用药，脸部受到感染、化脓、溃疡，要不是我请老师及时劝她去医院，再迟一步，只怕她会毁了自己这张脸！（小峰）

微评：由于网络技术的迅速普及，青少年尤其是中小学生参与网络活动的人数和时间呈不断上升趋势。在互联网中，现实世界中的算命、看相等迷信活动摇身一变，成为网络迷信，大行其道。在一定程度上，网络已经成为迷信活动的"温床"。

小贴士：温馨揭秘

很多迷信网站大多以"取名公司""咨询策划公司"的名义注册，打着"科学预测"的旗号，比如星座解说、周公解梦等，炮制人生和事业预测等各种预测形式，激发一些人的兴趣并引诱其参与。然而，剥去各种形式的外衣，其内核依然是迷信与伪科学，其目的是使人们相信那些不可能或可笑的东西，赚取不菲的钱财，甚至残害他人生命。

小贴士：活动出招

一、组织一次"反对迷信，崇尚科学"的主题班会，以演讲、小品或戏曲、歌舞的形式进行探讨，提高自己的辨别能力。

二、网络迷信有着较强的隐蔽性。你能动用自己的智慧识别它吗？

⚓ 警惕邪教悄悄蒙上你的眼睛

导致人们人财两空的不仅仅是迷信与伪科学，还有一种更具杀伤力的力量也在毒害着大家的心灵，那就是反科学的邪教。邪教一般通过教主崇拜、精神控制、挑唆煽动等手段，残害生命，破坏家庭，扰乱社会，制造多起犯罪案件，从而暴露了它反科学、反人类、反社会、反政府、反社会主义的反对本质。

邪教不仅导致很多人死亡，而且将魔掌伸向了妇女和儿童，制造多起惨绝人寰的事件。除"法轮功"外，智利的邪教组织"国中之国"就是典型的一例。

触目惊心的事件

1961年，前纳粹军医舍费尔因儿童性虐待而获罪。潜逃到智利后，他贼心不改，建立邪教组织"国中之国"，变本加厉，对信徒和儿童进行压制和摧残。据调查，有26名儿童先后落入舍费尔的魔掌。

2001年1月某日，河南省开封市刘同学在妈妈的带领下点燃了身上的汽油，刘同学被烧得遍体鳞伤。3月，年仅12岁的刘同学美好的生命之花永远凋谢了。原来刘同学的妈妈痴迷"法轮功"，竟然以"法轮功"创建者李洪志为神。

2014年5月28日21时许，山东省招远市一家"麦当劳"快餐店内发生一起命案。邪教组织成员张某等6人为了发展成员，向一名在该餐厅用餐的女子吴某索要电话，被吴某拒绝，于是将吴某殴打致死。案发后，招远市公安局民警很快将全部犯罪嫌疑人捉拿归案。2015年2月2日，经最高人民法院核准，山东省烟台市中级人民法院依法对犯故意杀人罪、利用邪教组织破坏法律实施犯罪的犯罪嫌疑人张某等2人执行死刑。

微评：邪教离我们并不遥远，它或许就隐藏在我们身边，无孔不入！2003年5月，邪教组织"门徒会"就是利用人们对"非典"的恐惧心理，麻痹人们的思想，残害人们的身体健康。大量事实说明，邪教是威胁人民生命财产安全和社会稳定的"毒瘤"。

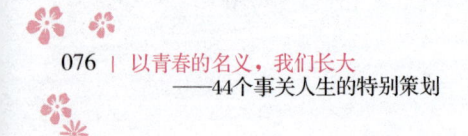

> **小贴士：温馨揭秘**
>
> 　　很多成大功、立大业的人，都是被人所景仰的英雄，如美国解放黑奴的总统林肯、印度圣雄甘地、中国清代的政治家曾国藩等。这样的人往往都受尽了风霜打击，历尽了人生艰难，却始终坚定地向着他们的目标前进，从而取得了一系列成就。哪怕是一个平凡的母亲，辛辛苦苦抚养孩子长大成人，也是非常了不起的事情。有那么多值得我们去崇敬的人，我们为什么不擦亮眼睛，远离那些罪大恶极的邪教头目呢？

> **小贴士：活动出招**
>
> 　　根据条件，在校内外开展"校园拒绝邪教"的宣传教育活动，以"校园拒绝邪教"为主题设置宣传栏，对各种邪教组织进行揭露和批判，使广大青少年在教育与自我教育中成长。

⚓ 尘衣主张

　　"正如这个世纪还没有结束一样，人们的眼泪也还没有流完。"很多惨痛的教训告诉我们，迷信与邪教导致人反目成仇、六亲不认，不仅毁了他人，也毁了自己。但是，迷信和邪教都是可以降服的。只要我们树立正确的人生观，对社会上流传的活动取其精华，去其糟粕，崇尚科学，关爱自然，关爱生命，一切就会变得越来越美好！

☆相关链接☆

邪教与恐怖有不解之缘

　　最大的恐怖莫过于"世界末日"降临，这是邪教用以进行"精神控制"的

"核武器"。从美国转移至瑞士的"天父的儿女"（后来改称"爱的家庭"）、韩国的"达米宣教会"等都曾发表过关于"世界末日"的谬论，其中以有关"天空中将出现十字连星异兆，从而引发地球大灾难"的说法影响最为广泛。其实，"十字连星"是八大行星和冥王星绕太阳公转周期不同引起的，与偶然形成的"五星阵""九星联珠"等特殊排列一样，属正常天文现象，并非什么凶兆。

在日本，恐怖活动使数以千计的人丧生，并且每天都在威胁着无辜的生命。1995年3月的一个早晨，"奥姆真理教"破坏分子在东京地铁释放神经毒气进行屠杀，造成12人死亡，5500人得病。

"奥姆真理教"除了施放毒气之外，还储备有杀伤性更强的生物武器"炭疽"——它有着可能使整个人类面临灭顶之灾的威胁，目前各种抗生素对它都束手无策。

身边有邪教分子吗？对邪教有什么看法？欢迎交流——记住，我在微信（chenyiacy）、微博（@尘衣）等你。

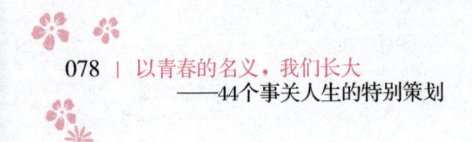

百变校园歌谣：有理由开出圣洁的花

各种校园流行歌谣中，有相当一部分是那种被称为"灰色童谣"的另类歌谣。它们类似顺口溜、"脱口秀"，形式千奇百怪，以低俗、宣扬暴力、堕落为主要特征。它们在校园里的大面积流行，引起了人们的关注和重视。

我眼中的"灰色童谣"

尘衣曾经就"灰色童谣"在校园中传布的情况，和我们的校园歌谣究竟应该以什么为主题，在全国多个城市的校园进行过专项调查，同学们的认识与判断程度不尽相同。下面是一些较有代表性的观点：

上海"孤单芭蕾"（辨别指数：★★☆☆☆）：没有什么问题啊。这些"童谣"很通俗，也很实际，怎么说是"灰色"的呢？在我们学校，如果你连最流行的流行语都不会几句，大家会认为你老土的。

湖南岳阳"快乐的丫头"（辨别指数：★★★★☆）：你说的这类"灰色童谣"为什么会在我们中间如此风靡，我也不知道。不过，我觉得适合我们这个年龄、有时代特征的校园歌谣实在太少了。电视与网络中，你打着灯笼都找不到几首正儿八经的青春歌曲。

广东深圳莎织（辨别指数：★★★★☆）：这类童谣之所以会受到大家的欢迎，有一定道理。一定程度上来说，我们的学习压力还是比较大的，有许多"童谣"，正好符合我们的心理需求，因为我们需要这种宣泄，需要这种安慰。我认为，这没什么大不了的，毕竟一个时代有一个时代的歌谣嘛！

江苏南京菲菲（辨别指数：★★★★★）：那些油嘴滑舌的东西？很没有意思。你看，要么是一些古诗词篡改过来，这是不尊重历史和文明的表现；要么就是些流里流气的、宣传暴力和让人萎靡不振的……这，怎么会适合我们这个年龄呢？

林子骞的故事

对"灰色童谣"说"不"

元旦，我们学校组织了一次"卡拉OK"大奖赛。令人吃惊的是，同学们参赛的歌曲多是《对面的女孩看过来》《双节棍》《被爱捉弄》等成人歌曲。全场只有我一个人的参赛歌曲是《听妈妈讲那过去的故事》。当时，我一开口，居然遭到其他同学的讥笑，说我"唱这么幼稚的歌"。

在成人歌曲广泛流行于校园的同时，"灰色童谣"也以惊人的速度在学生中悄悄地广为传唱。我看到一则报道，说有七成学生在校园流传的歌谣中发泄负面情绪。如骂老师和父母凶的《初三学子》，我觉得这对我们来说，明明是低级趣味的诱惑，可是有的同学却以此为荣，传唱时一点也不脸红。

我有几位同学，他们能数出来的只有《让我们荡起双桨》等两三首经典老歌，或是一些动画片主题歌，对于近年来的一些新作品，根本不了解。他们对韩国明星更感兴趣，对爱情主题的歌曲更喜爱，对一些趣味低下甚至媚俗的口语歌谣情有独钟。我有一次在作文中这样写道：多么希望那些从事校园歌谣创作的叔叔阿姨为我们创作一批好听的校园歌谣啊！

我认为我们每个人的本质是积极的、阳光的，其实我们心底也渴望老师家长对我们进行正确引导。最近，我们学校开展了一场"对'灰色童谣'说'不'！"的活动——各班定期召开主题班会，每个同学讲述自己的心得；在全校学生中开展"经典诵读""讲成语故事和英雄事迹"等活动，同时设置奖项，号召同学们发挥聪明才智，自己编写内容健康、于己有益的顺口溜等。不少班级还开展了"看优秀影视、唱健康童谣、做有益游戏、传文明信息"主题教育活动。这样的活动，引起了我们强烈的兴趣，我们从中学到很多，感到生活更充实

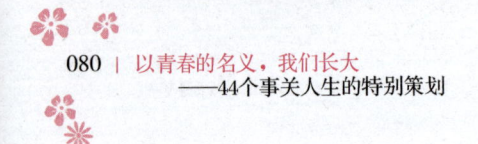

了，人也变得越来越开心。

⚓ 维护民族语言的尊严

你或你身边的同学是不是在与人交谈时总想与众不同，常常故意把"讨厌"解释为"讨人喜欢，百看不厌"，把"气质"理解为"孩子气，神经质"呢？是不是有同学喜欢讲一点发腻的普通话，中间夹杂一些半是梦呓半是撒娇如同港台明星似的语调，或时不时地冒出一些外语单词或"新新人类"的专用词汇呢？一位同学对我说，这才叫"现代"，才叫"酷"嘛！

尽管这样看来，你们的语言很"丰富"，但我觉得有一点大家可能没有觉察到，大家在说这些话时，都忘了我们纯粹的民族母语，说的都不过是些别人听不懂的"夹生"话啊！

我们对待生活应该多一份庄严与庄重。我们每一个人，都要自觉地去维护语言的尊严，说纯粹的普通话，说我们历经千万年流传下来的母语，这，是对民族语言的爱护。语言是民族的重要标志之一，维护语言的尊严，也就是维护民族的尊严。我们都是一脉相承的华夏子孙，相信你们和我一样，完全有能力做到！

⚓ 尘衣主张

一首好听的歌谣，足以让人铭记一生

每一个人对自己的童年时代与青少年时代，都会终生难忘。走过记忆中的这些日子，最令我们沉醉的除了捉迷藏、打玻璃球、跳橡皮筋等游戏外，就是哼唱少儿歌谣了。它们以短小的形式和朗朗上口的韵律，表达出不同的生活情趣，是我们成长过程中一抹令人难以忘怀的金色阳光，如同开启我们心灵的钥匙，启迪着一代又一代人。

同学们，我们都渴盼自己的生活能够多姿多彩，渴盼自己的心灵永远纯美无瑕，但是，倘若少了情趣俱佳的歌谣，少了这份美好且独一无二的养分，我们的人生，会不会增添一种无法弥补的缺憾呢？同学们，在喜欢那些脍炙人口的校园歌谣和白话类的经典歌谣的同时，在害怕它们在我们的生活中销声匿迹的同时，我们不妨花些心思，来捡拾、寻找与创造，让它们在我们的心灵深处留下永不磨灭的烙印吧！

校园歌谣随着时代的变化而百变其身，我们完全有理由让它开出圣洁无比的花来！

> 小调查：下面的校园经典老歌，你会唱（念）的有哪几首？
>
> 《学习雷锋好榜样》《小燕子》《采蘑菇的小姑娘》《小螺号》《蜗牛和黄鹂鸟》《我在马路边捡到一分钱》《让我们荡起双桨》《小背篓》《澎湖湾》《月亮粑粑》《红房子，白房子》……
>
> 除了这些，你还会唱哪些内容健康、富有生活情趣的校园歌谣？如果有兴趣，那就自己来编配一些好听又朗朗上口的校园歌谣，来微信（chenyiacy）或微博（@尘衣），跟尘衣姐姐交流哦！

悄悄地告诉我

校园歌谣，爱唱吗？爱听吗？想创作吗？欢迎交流——记住，我在微信（chenyiacy）、微博（@尘衣）等你。

日记，放歌生命的精神地带

你写日记吗？你能坚持日复一日、年复一年从不间断地将日记写下去吗？教育界德高望重的戴海爷爷曾经语重心长地对青少年朋友说过这样的话："我写日记已有50年的历史，希望你们打破我目前的纪录，将来留下一部60年、80年乃至更长时间的日记，那将成为你独特的个人生活史，社会见闻录。"能够坚持50年如一日地将日记认认真真地写下去，这，需要具备一种多么坚强的意志和毅力啊！

⚓ 难在坚持，贵在坚持

12年前，王虎森老师曾经跟青少年朋友畅谈日记。

他说，日记写作是练笔最重要的形式，它是生活最忠实可靠的记录，是生命最具体生动的轨迹。但很多朋友认为每天都要写日记，没有那么多事可写，所以怀疑自己能否坚持将日记写下去。

王老师建议，大家大可不必如此！他说："家庭生活，学校生活，社会生活……生活是多么广阔，只要你不是对生活无动于衷，而是个有心人，就总能找到可写的东西。"在他看来，生活中发生的一切，哪一样都可以写到日记中去。"至于篇幅的长短，题材的选取，以及体裁的确定，日记是最不受限制的。它只有一个要求，尽量把它写好，真实地记录自己想要记录的一切。"

他还鼓励大家："日记写作，难在坚持，也贵在坚持，对大家是一个不小的挑战。面对挑战，你是逃避，还是迎接？这个问题，相信大家一定会用日记来作答！"

⚓ 乐乐的故事

我的日记情

记得读小学二年级的时候，因为觉得好玩，我费了九牛二虎之力，才完成一篇只有3行字的日记。日记中，汉字夹带拼音，现在看来，那么稚嫩可笑。正是从那时起，我慢慢地养成了写日记的习惯。后来，觉得越来越有意思，就准备了两个本子，一本是交上去给老师检查的，多半写些读书心得等，另一本则是写给自己看的，因此题材也自由些，写得也比较生动，我至今还保存着。

六年级下学期的最后一个月，因为要准备考试，我不得不忍痛割爱，暂时将日记搁下了。其实那时我还兼着学校广播站的小记者，每天写日记的素材非常多，如果记到了日记中，那该是多么珍贵啊。

进入初中以后，认识的同学越来越多，越来越熟悉，每天的趣闻趣事层出不穷，我写日记的热情也越来越高了。我给自己规定，每天晚饭前的一个小时用来写日记。随着年龄的增长，我有时也在日记中对时事加以评论。很多热点问题，我都会与别人讨论，然后在日记中大发感慨。也许正是由于对日记的痴迷，影响到了作文的写作，我的作文居然经常被老师作为范文朗读。这是我始料未及的。

这个周末，我将心爱的日记又翻看了一遍，并按时间顺序整理成册。看着自己一步步走过的足迹，我不禁百感交集。从日记中笔迹和思想的变化，我看到了自己曾经付出过的努力。就这样，我一天天地长大了。

⚓ 日记三益

写日记有好处，很多人明白，但总结的人少。1970年毕业于清华大学、现从事"成功要素"研究的周士渊先生认为，《哈佛女孩刘亦婷》中主人公的成功得益于日记，书的成功，也得益于日记。因为从她们母女日记中摘下的片段，使人感到女孩成长过程的真实可信，从而大大增加了书的魅力。周先生从日记而谈人生，总结出日记的三大好处：

一是可以宣泄情感。许多话对日记说，许多情感对日记宣泄，它会理解你、包容你、抚慰你，更会用极大的耐心倾听你。二是可以及时调整人生航向。人生像一艘船，在茫茫大海中航行。日记正好能日日提醒你，天天告诫你把握好自己的人生航向，不至于被暗礁吞没，被冰山倾覆。三是可以培养毅力。人生成功，从客观上讲，除了方向正确，目标科学，余下的似乎关键在于百折不挠的毅力。那毅力从何而来？它绝不会凭空从天上掉下来。而日记，便是一种极佳的培养方式。

⚓ 日记中的隐私

大家都提到，日记是坦陈心迹的最好方法，但有时要交给老师检查，有时父母也会琢磨一下，其中到底有什么超乎他们想象的内容。这就涉及了"隐私"这一比较敏感的话题。那么，对此，大家有什么看法？

何锐（学生）：我觉得我们必须有自己的隐私权，日记也是属于隐私一类的。《未成年人保护法》中不是规定"任何组织和个人不得披露未成年人的个人隐私"吗？我把它当成保护自己隐私权的武器，真棒！其实，只要经过我的同意，老师或父母检查我的日记，确实是一种非常好的沟通方法。有些不好说出口的话，我在日记中写出来，然后与他们交流。这样，是有利于我们的成长的。

李可君（教师、家长）：老师和家长通过检查日记来了解孩子的思想动态，我觉得是十分必要的。社会纷繁复杂，毕竟孩子还小，还没有完全形成正确的人生观，对事物的辨别能力相对而言还比较弱，需要学校和家庭给予正确引导。当然，一切都应以尊重为前提，赢得他们真正意义上的信任。这，对于老师和家长来说，难度是很大的，它需要花费不少的时间和精力，也更需要孩子的理解与配合。我的孩子常常主动而真诚地请我看他的日记，我的日记，他也可以在征得我的同意后"检查检查"。我觉得这样很好,它让我们走得更近。

有关专家:如果大人未经同意而获取了孩子日记中的秘密后,许多孩子从此就会在日记中说一些不着边际的话,甚至用谎话将内心世界遮掩起来;另一方面,孩子也可能因此而产生对立情绪。这样一来,反而增加教育难度,违背了家长或教师的初衷。所以说,尊重与理解在处理大人与孩子之间的相互关系中,是至关重要的。

尘衣主张

有关"日记"的话题还远远不止这些。当日记成为我们生命中不可或缺的一部分时,我们才会更深切地理会到它在我们生命中所发挥出的巨大作用。很多伟大著作与作者的日记不无关联,因为其中所记录下来的资料都是那么珍贵。生命的价值,有时也会在日记中极好地体现出来。从今天开始,认真地写日记吧,用你的笔你的心,尽情地描绘出一个五彩斑斓的世界。让日记成为我们的精神家园,成为我们放歌生命的精神地带!

爱写日记吗?或是讨厌日记?关于日记,有什么心得?欢迎交流——记住,我在微信(chenyiacy)、微博(@尘衣)等你。

向右看齐，向前看！
——军训的日子

目前，新生在入学前都要进行为期一周或更长时间的军训。经历过军训，很多学生大发感慨："稍息、立正、站好"并非范晓萱所唱的那样轻松，阳光下的灿烂也没有想象中的那样美好；火辣辣的阳光照在身上，并不是沙滩上浪漫的日光浴，而是能让皮肤实实在在地疼痛。但是，在军训的过程中，教官一声令下："向右看——齐，向前——看！"一声口令，或许会影响我们一生。

其实伴随着军训的不光是疲劳和痛苦，其中也有欢乐与骄傲；而疲劳和痛苦也不是独行的，它们为你带来了心的洗礼，教会你勇往直前，重塑一个更坚强、更出众的你。

⚓ 学生：我也是军人！

"第六名，四连……第一名，八连！"团长洪亮的声音刚落下，八连狂热的欢呼声便随之而起，而我们竟输得如此惨不忍睹，鼻头一阵酸痛。东边太阳西边雨，好汉一定要坚持到最后！凭着一身傲骨，我们锁住了伤心的泪。

几天来，我们辛苦地训练着，一遍又一遍，教官的嗓子哑了，我们的腿酸疼了，但大家仍坚持着，希望能够在全团脱颖而出。晨曦中有我们矫健的身姿，夕阳里有我们整齐的步伐；我们白天尽量模仿着教官的标准姿势，晚上在寝室里互相指点、纠正，每天虽疲惫却兴奋。汗水滴答，奏响的是我们年轻而充满激情的乐章。

终于，我们的方队齐了，动作标准了，教官笑了，我们乐了。于是我们信心十足地上场，满面春风地期待着美妙的一刻。然而，我们输了！

有人说，即使你付出了九十九分的努力，而失去了关键时刻的那一分，就只会是个失败者！这就是所谓的"99+1=0"原则。可是我要说，这种说法大错特错。100分固然漂亮，但是不一定所有的努力都会成功，在军训的过程中，甚至在人生的道路上，都要面对许多残酷的现实。至少，在努力的过程中，我们学会了承受，学会了坚强。这，是一笔多么宝贵的财富。有了它，在以后的征途上，还有什么用得着去回避和畏惧呢？

所以，我们不哭，我们依然鼓掌，为友谊的胜利，为自己的付出，为教官的艰辛，更为我们那不服输的年轻傲气！

⚓ 教官："又亲又凶的你啊！"

就军训跟国防科技大学的于教官交流，谈及他作为教官，对军训有何看法。

"作为指挥专业毕业的军官，军训对我来说，太熟悉了，既被人训过，也训过人。在军训的过程中，也与大家结下了不解之缘，甚至被他们带着眼泪笑着'骂'：'又亲又凶的你啊！'"

提到军训，于教官饶有兴趣。他认为，对于学生而言，军训最主要的训练科目就是队列训练。队列训练在所有军事训练中是最枯燥的，也是最约束人的。据说队列训练是由冷兵器时代阵行、战法的操练演化而来，它追求的效果就是受训人员在动、静中所体现出来的整齐划一。要实现这种整齐划一非常困难，需要有科学的方法和顽强的意志。而且，它必须有一个前提，那就是受训人员应该具备一种意识，那就是服从的意识。"我觉得，军训对于学生来说，最主要、最根本的目的就是培养学生的服从意识。"

他下面这种观点发人深省，我们每个人都应好好揣摩：

"参加军训的学生，必须以军人的标准来要求自己的言行，这就是军训的规则。而军人以服从命令为天职。最优秀的军人，最要紧的品质就是服从。人的一

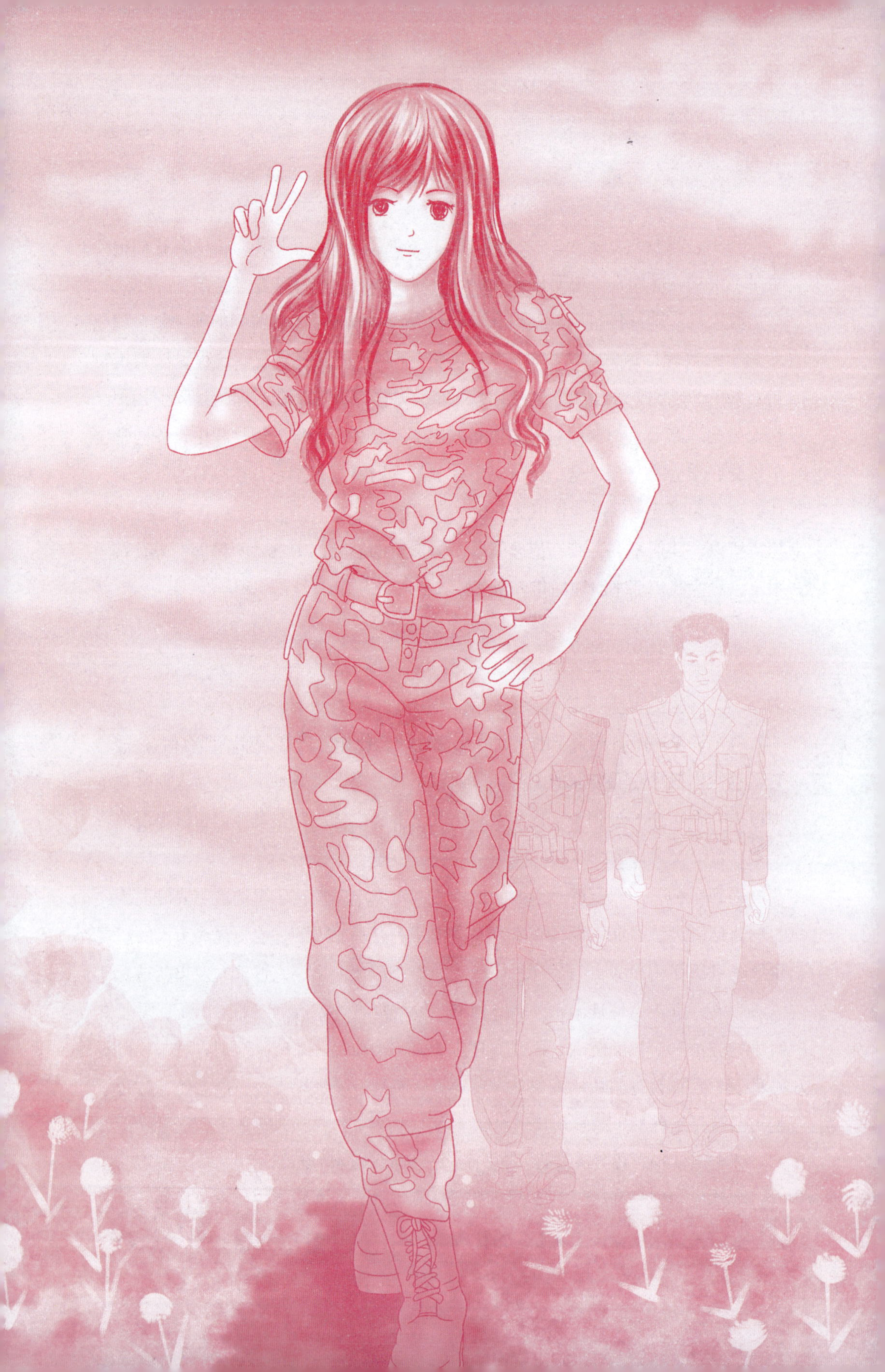

生总是在服从中度过,这并不是说服从等于没有个性。在学校里我们要服从学校的纪律,在社会上我们要服从各种法律法规,在生活中我们要服从公共秩序……其实对于培养人的服从意识,军训只是起到抛砖引玉的作用,完善的过程还是要靠自觉、自律,不断提高自身素质。只有这样,成功的大门才会向你敞开。"

⚓ 老师:军训的影响绝不止七天!

作为老师,丁小军老师是怎样看军训的呢?

"阳光的威严、40摄氏度以上的高温、缄默的知了和没有一丝凉风的天气,构成了锻炼学生意志品质的洗礼地。在军训过程中,我们老师与学生军训同步,是另一道亮丽的风景。"

的确,学生在烈日下练"立正"姿势的时候,教官对老师的要求似乎更加严格。丁老师说,有位老师打趣:"我们的校长也够狠心的。"引得学生在一旁窃笑。

军训结束了,学生、老师和教官们合影留念,"咔嚓"一声,人生的一站就被定格在记忆的画框里了。

酷爱文学的丁老师,为军训写下了这样富有诗意的句子:"军训是一片验证意志力的天空,飞翔的鸟儿落下了几枚稚嫩的羽毛,却从此飞得更高更远;军训是一片走向夏天的花圃,五彩的花朵谢了,叶子却更绿了,枝干也更茁壮了;军训是一块巨大的磁铁,抛弃轻浮的东西,却将学生们最为可贵的集体荣誉感捏合在一起。"

⚓ 家长:爱他,就远远地看着他!

悉心呵护子女的家长们,望子成龙。强度很大的军训,会不会让他们感到有些矛盾呢?他们会为了心疼孩子,而反对军训吗?下面是一位家长的看法:

一晃眼,孩子就进初中啦!

现在的家庭大多是独生子女,他们是全家的中心。从日常生活、兴趣培养到学习交友,都是大人们围着他们转。爷爷奶奶疼,外公外婆爱,爸爸妈妈呵护,好处可是全被他们占尽了。有疼有爱有呵护,衣食优先,甚至有的家长,孩子去哪儿都是车接车送的,这样的环境下"培养"出来的孩子,似乎想不娇气都难。这不,我家王付蒙就是这样的一个孩子。平日里娇养惯了,这回艰苦的军训,他吃得消吗?

第一天回家,孩子没进门就先哭了。大家一看,他脚上磨起了一个大泡。爷爷拿来红花油,说趁着皮肤没破,快擦!于是,纸巾、脸盆、毛巾……忙坏了一屋人。

第二天,我决定去训练场上看看,万一孩子受不了,就帮他请个假回家吧。可是,站在远远的树荫下,看到儿子在烈日里咬着牙,跟着教官的口令立正、稍息、大步走,每招每式都做得有板有眼的样子,我终于忍住了,转身离去。

晚上,在我的事先约定下,大家都没有如前一天一样一拥而上。儿子也不再流泪,反而含着笑讲了一个小故事:"教官在新兵训话时问我们:'小麦为什么是甜的?'看我们不知所措的样子,他严肃地告诉我们:'因为它经历过严寒。'我们恍然大悟。经历过严格的军训,我们更易成长为身心俱健、朝气蓬勃的优秀少年。"我知道,儿子的灵魂也经受了一次严格的"军训"。

不管烈日还是暴雨,千万不要担心孩子受不了,爱孩子就要远远地看着他,让他经受风雨的洗礼,而不应把他笼罩在我们的庇荫下。

⚓ 尘衣主张

军训可以看作是一项"磨难教育",一项吃苦项目。但军训的目标不是吃苦,而是培养学生为了达到某个目标而不怕吃苦的精神,是一项极好的锻炼人、使人苦中得乐的训练。中途自动退却或被罚下场的学生,毫无疑问便少了一次挑战自我、挑战人生的机会。

在军训的过程中,学生的身体、思想和心理等各方面的素质都会得到提高。

军训中有一个必不可少的环节，那就是每天早晨都举行的升旗仪式。在国歌响起、国旗升起的那一刻，同学们都伫立不动，此刻，一种爱国主义热情会从心底油然而生，那场面多么令人难忘。所以，军训也是一项爱国主义教育。广州体育学院心理教研室副教授黄翔岳说：这种爱国主义教育对于青少年的成长尤为重要，只有爱国才能树立起远大的理想，培养良好的品质，而生动真实的体验容易令他们潜移默化，终身受益。

军训也是让学生锻炼独立能力和集体生活能力的绝好机会。在军训的集体生活中，同学们会比平时在校园生活中相处得更融洽，变得更宽容。特别是对于那些自我控制能力差、任性、喜欢讨价还价的孩子来说，无疑是一种更严峻的考验。

实事求是地说，仅仅通过几天短暂的军训时间使一个人脱胎换骨是比较不现实的说法。但重要的是在军训时能够发现很多问题，从而在以后的路上，学会战胜自己、自觉地积极地解决问题。刘墉说："我们最强的对手，不一定是别人，而可能是我们自己！在超越别人之前先得超越自己！"有位同学说得好："经历过比蹦极更具挑战性的军训，我才明白，自己身上居然还有那么多未曾开发的潜力，可以做那么多平时连想都不敢想的事。我庆幸自己没有临阵脱逃，是军训教会我，怎样发挥最大的潜力，超越自己！"

另外，友情提醒大家：要视身体的实际情况进行训练，千万不能因军训而给自己或他人造成伤害。

悄悄地告诉我 参加过军训活动吗？很爽吧——不，很……吧？省略号处，你想填上什么内容呢？欢迎交流——记住，我在微信（chenyiacy）、微博（@尘衣）等你。

诚信的请举手
——未成年人思想道德建设系列策划之一

给大家讲一个故事。

有个小孩特别喜欢读书,但因为家里穷,买不起书,就只好向别人借。他每次都跟人讲好期限,按时还书,从不失约,因此,人们都乐意借书给他读。有一次,他对一本书爱不释手,而借书期限快到了,他只好连夜抄起书来。当时正值农历腊月,滴水成冰,他的手都冻肿了。母亲劝他慢慢来,他回答说:"期限是我自己说定的,时间到了就要还。这是个信用问题,也是尊重别人的表现。如果自己说话做事失信于人,又怎么可能得到别人的尊重呢?"这个守信好学的孩子,便是后来被朱元璋推为"开国文臣之首"的明初散文家宋濂。他一生奉行诚信,受到人们广泛的尊重。

从宋濂的身上我们可以看出,一个讲求诚信的人,一个严以律己的人,他长大了一定会有所作为,为国为民做出应有的贡献。现在请回顾一下,在你身上发生过哪些关于诚信的故事呢?

⚓ 李可纹的故事

我的诚信"VCR[1]"

"不是我的东西,我不要。"这是小学课文《斧子的故事》中穷孩子说的一句话,不知打动了多少人。在我心中,它简直就是一句名言。我觉得一个人要懂得诚

1　VCR——videocassette recorder的缩写,意为录像机,引申为录像、回忆。

信，首先就要诚实。仔细回想起来，我身上当然也发生过很多信守诺言的故事，比如借同学的学习用品后会及时归还，或按时交上老师布置的作业……这样的小事多着呢，我觉得自己做得还不错。但是有一件事情，至今让我伤心不已……

那是上小学时，一个星期五的上午，在校寄宿的好朋友M问我，下午能不能借两块钱给她。我连原因都没问，就答应下午一定从家里拿来给她。可是下午，我竟然忘记这件事了，并且在路上玩了很久才赶到学校。这时已经上课了，走进教室一看，M的座位空着。老师说她请了假，去医院看望生病的妈妈。我这才记起她向我借钱的事来。但因为我并没带钱来，怎么想也是不行了，就没吱声。

第二节课的铃声还在响着，老师就急匆匆地走进教室，流着泪告诉我们，M出事了。在一个十字路口，她被一辆小汽车撞倒在地，在送往医院的途中，因大脑严重缺氧而停止了呼吸。

原来M是步行去医院的！如果我带了两块钱来，也不在路上玩耍，M就会坐着车安安稳稳地到达医院了。这都是我的错啊！我放声痛哭起来。可是M，她再也听不到我的声音了……

回到家里，我将自己的存钱罐砸开，拿出两个一元硬币，用布缝成一个小包，吊在自己的床前。每次看到它，我就想起自己的不守信用，便更加注意督促自己，做不到的事情千万别轻易承诺——因为有时候，承诺是要付出代价的。

微评：金无足赤，人无完人。有时候，我们确实因为或主观或客观的原因而不能信守诺言，从而失信于人，造成的后果有轻有重。但我们要记住，诚信是做人与处世的根本法则，要学会时刻都能解剖自己，不放弃已经拥有的所有优点，更不能纵容自己身上哪怕小如微尘的缺点滋长。

⚓ 父亲：诚信从我开始

孩子在家庭的熏陶下，最容易受到潜移默化的影响。我的孩子常常以我这位父亲的行动作为他的行动指南，甚至连我的某个习惯表情他都会不自觉地去模仿。这让我感到自己肩上的责任是多么重大。于是，我时刻注意自己的一言一行，尽可能不给孩子带来不良影响。任何要求孩子去做的事，我觉得都应该从我做起。有一次，因为临时决定出差而没有履行带孩子去公园的承诺，临走前与回家后我都向孩子道歉，让他感受到我对他的尊重。从此，我们的关系变得更融洽了，父子更像朋友。我深感自豪。

班主任：我们来建一间"诚信工作室"

作为这个班的班主任，在开学后的第一次班会课上，我跟同学们商定，建立一间"诚信工作室"。这实际上是一个被编上号码、类似于记日记的笔记本。由我带头，大家每天在上面如实、简短地记录自己心灵的变化过程，肯定自己的优点，反省不足；也可以在其他同学的名字下面记录有关他的诚信情况，然后每周进行一次评比。在写有我名字的那一页，有很多同学们的反馈信息，有的是对我的表扬，有的向我倾诉委屈。这些意见是当面谈话都难以获得的，太宝贵了。一个月下来，"诚信工作室"里面写满了密密麻麻、大大小小的字，我与同学们的情谊也一天天增长。更重要的是，通过"诚信工作室"，大家互相促进，共同成长，班上的整体素质得到了极大的提高，同学们的成绩也上升得很快。学校举办诚信主题有奖征文活动时，前十名获奖作者中，我们班占据了前六名。

微评：我们目前的生存环境是家庭与学校，只有在这两个小环境内以诚信为本，才能有助于营造一个诚信的大环境，那就是社会。

谎言与诚信是事物的两极

朋友的妹妹是老师。她说：谎言与诚信是事物的两极。当谎言越来越多时，宝贵的诚信就会远走，致使骗术盛行，形成一个可怕的恶性链条结构。我小时候因为偷吃了母亲收藏的点心却嫁祸于耗子，遭遇了平生最早的体罚。感谢母亲非常及时的人生警告。如果没有那最早的惩罚，如果当初得到的是默许甚至纵容，会是怎样呢？"少时偷针，长大偷金。"我们在幼年都接受过这样的教育，情形也大致相似。这让我们懂得，从小要做一个老实人，一个有良好教养和道德标准的人。说真话，办实事，心口如一，恪守这一做人底线，就会实现人生的长远规划，反之就是短期行为。诚信还是一个团体、一个民族的精神支柱。缺少了这一项，一切都会倒塌，化为一片可怜的废墟。我想，诚实的劳动最可靠，未来的时代拒绝投机取巧。

尘衣主张

作为中华民族几千年来的优良传统之一，诚信是维系人们日常生活必不可少的品德"工具"。讲道德、讲诚信对个人修养的提高、社会的发展以及人类的进步有着非常重要的意义。有了诚信，人与人之间才能坦诚相见，家与家之间才能互帮互助，国与国之间才能和睦友好，整个世界，会因为诚信而精彩！

让我们与诚信共舞！

> **小调查：诚信的请举手**
>
> A. 你撒过谎吗？你会在什么情况下撒谎？能找到最好的解决方法吗？
> B. 你答应过别人的事情，一般能做到吗？如果做不到时，你会怎么做？
> C. 你遇到过类似本文中李可纹的事情吗？请你分析一下他的情况。
> D. 你们班或者你所认识的人当中，有谁在恪守诚信方面做得特别好？

悄悄地告诉我

你是个讲诚信的孩子吗，平时是怎样做的？欢迎交流——记住，我在微信（chenyiacy）、微博（@尘衣）等你。

挫折是先苦后甜的咖啡糖

一个小孩摔了一跤。他先是哭着求助,他的妈妈就在一旁,却无动于衷,并不伸手拉他一把。小孩哭了一会儿,见无人相助,只好自己爬起来。另一位母亲对此表示不可理解。那位小孩的母亲却说:"让孩子勇敢地面对挫折,去尝试失败,才能找到方法,获得成功!"这件看似平常的生活小事,反映出教子育人的指导思想和方法艺术。这其中,如何正确地对待挫折与失败,显得尤为重要。困难与挫折,征服的永远是心灵脆弱的人。我们这一代人大多是独生子女,养尊处优,有一部分同学心灵脆弱不堪,动不动就喜欢与家长或老师斗气,甚至出走或做出其他极端举动,只要遭遇一点挫折,就束手无策,甚至从此退缩不前,忧患意识与奋起精神很难在他们身上找到。这已经不是个案。本文的目的很明确,那就是:愿我们坚强起来。虽然我们处在一个祥和的社会,但这并不表示我们缺少锻炼意志的机会。只要我们正视挫折,坚强以对,有什么问题不能迎刃而解呢?

⚓ 自寻快乐,在挫折中坚强起来

可能你拥有爱清洁、有礼貌、守秩序等有利于我们身心健康的习惯,那么另一个习惯你是否拥有呢?那就是自寻快乐——自己给自己找快乐。

养成自寻快乐的习惯,会有很多好处

可以培养一个人开朗大方的个性,能使人变得热情洋溢,容易学会与人交往的本领,能获得更多的友谊,并在交往中学到别人的优秀品质和经验,从而提高自身素质——如果你养成了自寻快乐的习惯，你会发现，自己比以往任何时候都更自信、更坚强、更有活力。

能使人对更多的事物产生兴趣，接受新事物、新知识的能力会增强，会学着把枯燥乏味的学习（乃至将来的工作）当作有趣的游戏来对待，学习知识时心情轻松愉快。

能使人学会以微笑对待任何困难，适时地调整自己的心态，从而变得更有信心，有足够的勇气去克服一个又一个困难，每当遇到不顺心的事甚至心理受到伤害时，也能正确面对，较快地得以恢复。

自寻快乐的方法有很多

第一个方法是做有益身心健康的游戏。游戏伴随我们一生。通过参加各种游戏，可以促进人的手眼配合能力，增强体质，还可以培养多种兴趣和爱好，丰富想象力，学会如何自我表现，还能增强容忍性、耐心和韧性，提高解决问题的能力。

第二个方法是根据自己的兴趣进行阅读与写作，或进行书法等其他才艺学习与表演。带着兴趣去做某件事情，可以使人生活不再枯燥乏味，心情愉快，对生活越来越珍惜与热爱。

一个热爱生活又积极向上的人，会比一个消极的人要坚强很多，快乐很多。

⚓ 你离坚强有多远？

每年的4月1日是西方的愚人节。2003年的这一天，从中国香港传出一个消息：著名歌星张国荣选择了离开这个世界。确定这不是一个玩笑后，人们在为痛失一代歌王而伤心不已的同时，也为他深感悲哀：只要找出问题的症结所在，坚强面对，有什么不能迎刃而解的呢？传说中，天将塌下来时，还有4只鳌顶住4个角呢。困难与挫折，永远只能征服心灵脆弱的人。

当你遭遇挫折时，不妨测评一下自己的坚强指数，然后加以分析，扬长避短，找到合适的方法来改进。相信吗？你会越来越坚强。

湖南双峰县肖玲（信函）（坚强指数★★★★★）：我常常受挫。我曾因为考试成绩差而心灰意冷，因为长期患病而沮丧悲观，因为在班里工作不顺利而长吁短叹……但我慢慢学会了自我调节。在我看来，挫折不过是外强中干的"纸老虎"，只要我掌握主动权，就一定能置它于"死地"。假如我失败了，我会再奋起，拍去身上的尘土，从头开始，再次冲锋。我坚信：这只是暂时的，一切都会过去。风雨过后，太阳依然普照大地。在生活的折磨下，我不能失去欢乐与信心，希望与追求！任何时候，我都对自己说：我不是懦夫，我是命运的主人！

分析：你的态度让人欣赏。是的，不遭遇一点挫折的人生，不是完整的人生。很多伟人都是一路披荆斩棘，经受常人无法想象的痛苦，才创下了光辉的业绩。"世界杂交水稻之父"袁隆平曾经历过多次失败，才取得了今天辉煌的科研成果。

山西太原市阿Y（电子邮件）（坚强指数★★★☆☆）：我身边没有一个值得信赖的人。爸爸妈妈的工作比总理还忙，我根本没什么见他们的机会。从我出生起，家里已经换了9位保姆了，她们在我家的时间最长的为7个月，最短的不到1个月，我根本不想理她们，她们也不喜欢我。在学校，我也不合群，特别是有的同学对我颐指气使，我不喜欢他们的不可理喻。这些都让我伤心。

分析：这是由于你从小的照看者不固定而让你无形中产生一种不安全、拒绝型的情绪。这种情绪也波及你的其他生活比如学校生活中，使你与人相处时总会在内心深处毫无来由地拒绝别人。不过，不用难过，这是有办法解决的。你现在进入初中，已经长大了许多，不再是小孩子了，很多东西都要学会自己承受。你可以从日常小事开始，学会自理，增强独立自主意识，进行自我分析，进而一步步提高自己的心理承受能力与独立自主意识。同时，要学会宽容待人。相对而言，宽容的人不会斤斤计较，烦恼自然会少些。还可以看一些励志方面的书，这些都会使你变得坚强起来。

黑龙江哈尔滨市心悦（电话）（坚强指数★☆☆☆☆）：我以前的成绩一直名列前茅，可是这次测验砸了。唉，没脸见人了……

分析：过去的成功不等于永远的成功，今天的失败或许正是明天迈向成功的开端。偶然的失败并不可怕，有了它，你才会更有紧迫感，更加发愤图强。怕只怕你从此一蹶不振，被自己打垮。不是有首歌叫《男儿当自强》嘛，给自己信心，什么坎坷越不过？当你超越自己，将困难踩在脚下时，你会有一种发自内心的征服者特有的喜悦。千万别说什么考试考砸便没脸见人的傻话，那不是强者应该发出的声音。

我是李X满（微博）（坚强指数★☆☆☆☆）：为什么挫折总要与我为敌？感觉它就像黏在身上的"狗皮膏药"，甩都甩不掉。我体弱多病，成绩不理想，朋友不贴心，家庭少温暖……一切的一切，让我心灰意冷，对什么事都麻木了。有时只想快点逃离这个世界……

分析：当你并没有意识到危机的时候，或许它会突然降临；你并不觉得落伍的时候，或许你的同路人早已翻过了一座山；上天对大多数人都公平的时候，或许正是对你最不公平的时候……世上既没有绝对的公平，也不会存在永远的不公。当你心有怨言的时候，不如静下心来，学会用心去感受，你的沉默不等于无能，相反，它是一种力量的累积，一种决策的开端，一种行动的表现，一种养精蓄锐的大家风范……若干年后的某一天，当你回首往事时，你会非常感谢所经历的一切体验，尤其是感谢挫折。是它使你变得如此坚强。

河北秦皇岛市盛了个娟（微信）（坚强指数★★★☆☆）：身边的人怎么动不动就是闹意见打架的，太能折腾了。这心是有多小啊？

分析：平时一帆风顺，一旦遭遇挫折便感觉到整个世界都在与他为敌，都与他再无干系。你应该是个比较坚强的人，不如关心一下身边的人，对他们进行一些必要的开导。

⚓ 尘衣主张

人生路漫漫，从出生到死亡，从年少到年老，不可能如同一条直线。我们常常会遇到这样那样不尽如人意的事，比如痛失亲人、朋友，成绩不理想，常被人欺负，或者遭遇车祸、落水、疾病等意想不到的苦难。但是一个坚强的人，绝不会被任何苦压垮。相反，经历过挫折，他会变得更坚强。张海迪姐姐5岁时身患疾病，全身高位截瘫，但是她敢于正视自我，不自暴自弃，自学完研究生课程，最后又成为一位作家，积极与顽强的她也因此成为全国人民学习的榜样。

抬起头，挺起胸，勇往直前；不退缩，不怯懦，跟愁眉苦脸说"再见"！要相信，愈坚强，你会愈快乐！每时每刻，我们都要拥有坚强这张"通行证"，为自己踏入人生的下一个驿站放行。

挫折是块先苦后甜的咖啡糖，只要你变压力为动力，对它不漠视、不畏惧，细细品味，你就会发现，愈品愈甘甜。遭遇挫折时，请对自己说：坚强勇敢，我的人生更精彩！

小贴士：学几招心理减压术

用艺术与运动解开心结 音乐、戏剧、美术和舞蹈等可以使一个人的志趣变得高雅，提高人的表达能力。运动则能增强人的体质，减少疾病对我们的困扰。当你情绪焦躁不安时，可以进行各种运动，学习或欣赏音乐、戏剧、美术和舞蹈等，命令自己全神贯注地沉浸其中。一来可以提高自己的审美情趣，提升自己的艺术品位；二来可以借此转移自己的注意力，将所有烦恼全部抛到九霄云外；三来可以通过它们找到一条与外界沟通的途径，从而打开自己的心结，释放受困的情绪。一举多得，何乐而不为呢？

适当地释放自己 哭泣是减轻压力的一种自然方式。除了哭泣，你还可以发发牢骚聊以自慰，向朋友诉说以放松心情，甚至可以将怨恨倾诉纸端……只要不伤人伤己，你可以尽情释放自己。释放过后，你的心情很快会变得轻松愉快起来。

充足的睡眠与均衡饮食 睡眠可以给人的大脑补充足够的氧气，从而保持清醒，缓解压力。对于轻度心情压抑的人来说，这一招十分管用。

充足的饮食即吃好吃饱的意思，是针对那些挑食、胃口小的同学而言的。适当地多吃饭，多吃肉类、蔬菜、瓜果等，会使你摄入的营养更丰富，身体更健康。均衡饮食则是指摄入的营养要均衡。身体健康的话，人的心里会不知不觉地产生一种安全感。

自我克制与换角度思考　有的人心情压抑时喜欢找别人出气，以激怒别人来获得自我心理的满足感。倘若带着友好的心情与人交往，你会看到更多的微笑，自己会感到更快乐。所以当你有伤人倾向时，不妨对自己说：对他笑一笑。然后照着去做，一切都会好起来。另外，换角度思考也特别重要。当你看到老师反复地讲一个你早已烂熟于心的问题时，不要说"真烦，我早就会了"。你可以这样想："或许班上其他同学还没弄懂呢，老师不厌其烦地教他们，真尽责。"这样，你看到的总是事物最美好的一面。

必要时看医生　如果你觉得上述方法对你都不管用，你仍然感到焦虑不安，心烦意乱，不妨请家人带你去看一看心理医生，对"症"下药。这样有的放矢，你的情绪很快会好起来。还有，去医院做一下体检，如果查出身体上有疾病，应该争取及早治疗。

你遭遇过挫折吗，是怎样渡过难关的，现在找到让自己变得坚强的答案了吗？欢迎交流——记住，我在微信（chenyiacy）、微博（@尘衣）等你。

第二部分

生命与成长

生命在成长中拔节,成长使生命不断升华。风雨雷电过后,阳光依然那么好,天空依然那么蓝。

——尘衣

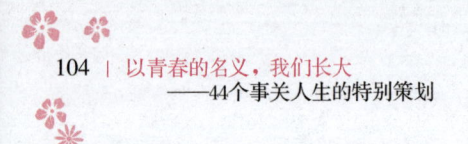

我们花一样的生命

生命是故事，重要的并不在有多长，而是在有多好。

人生并不是一支短短的蜡烛，而是一支由我暂时拿着的火炬，我一定要把它燃烧得十分光明灿烂，然后一代代传承下去。

不要时常苦恼太多，只是你不懂得生活；不要以为幸福太少，只是你不懂得把握。

生命好比一张信用卡，你每做一件有益的事，或对世界做一些贡献，就会往"信用卡"里存钱，如果对世界没有一点贡献，那么便会"卡"无分文，毫无价值。

以上富有深意、对生命进行积极思考的句子，摘录自辽宁省沈阳市一中七年级同题作文《生命的意义》。可是，在2004年—2005年的12个月中，北京大学儿童青少年卫生研究所启动的一项全国性调查显示：每5个中学生中就有一个人曾经考虑过自我毁灭，占样本总数的20.4%，而为此做过计划的占6.5%。这是一组多么触目惊心的数字！那么，我们所理解的"生命"，它究竟隐藏了多少秘密？它有一个标准答案吗？它为什么值得我们像宝贝一样好好珍惜？

⚓ 生命是爸爸妈妈给予的

黄迪同学非常尊重和热爱她的父母，她说：

"我们每个人都只有一次生命。从生命开始到生命结束，真短，才几十年，如果不好好珍惜这几十年的光阴，那就白来人世一遭了。听妈妈说，每个孩子来到人间都是很不容易的,都是由每位妈妈经过十月怀胎和痛苦的分娩才来到人世。妈妈说,她怀我的时候,整天都吃不好,睡不着。整整10个月的辛苦啊!她还告诉我,我小时候经常尿床,所以,妈妈每天晚上要起床好多次,为我把尿。北方的冬天很冷,特别是夜晚。有一天夜里,妈妈竟然起来过8次。8次呀!直到如今尝到夜晚失眠的滋味时,我才终于能够深深体会到妈妈的辛苦,知道我生命的来之不易。"

她的心声,希望也是大家的心声:

"当我慢慢长大,妈妈又要为我的身体和学习操心。我每次生病,妈妈都是最着急的一个;每次发现我有一点点长高,妈妈就高兴得合不拢嘴。妈妈总说,我要是长到她那么高就好了。不过,我长高了,妈妈也就一天天老去。如果我的生命就是妈妈生命的延续,我又怎么能不珍惜生命,不热爱生命呢?因为,我们的生命不仅是我们自己的,也是用爸妈的心血换来的!"

⚓ 走出生命的沙漠

朋友的妹妹是老师,来听听她的解读:

我上小学六年级的时候,有一次被同学误解为小偷,我觉得整个世界一片漆黑,甚至产生过放弃这个世界的念头,虽然那个念头只维持了极短的时间。后来老师得知情况,给我讲了这样一个故事。

有个少年和他的父亲在沙漠里迷了路,少年又累又怕,又饥又渴,到最后实在走不动了。父亲就从兜里掏出5枚金币,把1枚金币埋在沙地里,把其他4枚放在少年的手上,说:"人生有5枚金币,童年、少年、青年、中年、老年各有1枚,你现在才用了1枚,你不能把5枚都扔在沙漠里,你要一点点地用,每一次都用出不同来,这样才不枉人生一世。今天我们一定要走出沙漠,你将来也一定要走出人生的沙漠。世界很大,人活着,就要多走些地方,多看看,不要让你的'金币'没有使用就被扔掉。"在父亲的鼓励下,少年终于走出了沙漠。

长大后,少年离开了家乡,成为一名优秀的船长。

讲到这里,她有些不好意思起来:

这个故事现在听起来有些幼稚,当时却让我鼓起了活下去的勇气。我从此把心思花在学习上,以优异的成绩考上了示范性中学,接着又考上师范大学,成为一名光荣的人民教师。

而她的感悟,又何尝不是对我们极好的忠告:

人的一生难免会遇到沙漠和沼泽,但是只要你有走过去的勇气,迎接你的,必定是另一番亮丽无比的风景!

生命是一种责任

网络公司职员陈先生则从一件新闻谈起:

2006年1月7日,美国弗吉尼亚州遇难矿工的葬礼上,让悲伤的亲人难以自抑的是,每个遇难者在临死之际想到的不是自己,而是为家人写下遗言,劝他们不要太难过。其中,一名矿工这样写道:"告诉大家,我会在另一个世界看着你们。我现在没有很痛苦,只想好好睡一觉。我爱你们!"这话令人震撼不已。而看那潦草的字迹,依稀可以感到他已走近生命的尾声,却仍然充满活力。

然后,他说到那件让他刻骨铭心的事:

我在农村生活了80多年的奶奶前年因病去世了。弥留之际,她握着我父亲的手,交代身后事。她说她借了邻居家一个腌菜坛子,让我们别忘了替她还回去。这番话让在场的所有人泣不成声。

他满怀感触地说:

遇难矿工和我奶奶都是普通得不能再普通的人,但从他们身上,我看到了耀眼的人性之光。我常常告诫自己,无论做人还是做事,都要踏踏实实、清清白白。我要做的是,虽然平淡地活着,却必须拥有充实、幸福的人生。我还知道,奶奶一定在另一个世界看着我——我一定会让她感到些许欣慰,我想。

⚓ 生存乃人类本能

某社会科学院的一位研究员曾经谈及"生命"这个话题。他先讲了这样一个寓言故事,好多同学在作文中作为素材使用过:

一只蝎子想过河,但它不会游泳。于是它向青蛙求助。青蛙说,我可以背你过去,但如果在背你的过程中你用毒刺蜇我怎么办?蝎子说,我如果蜇了你,你死了,我也会掉到河里淹死的。青蛙觉得很有道理,就同意了。当青蛙背着蝎子游到河中央的时候,突然感到背上剧痛。临死前,青蛙喊道:你怎么还是蜇了我啊?难道你自己不怕死吗?泡在水里奄奄一息的蝎子用最后的力气说:青蛙先生,我也不想蜇你。但是没办法,这是我的本能。

他由此联想到,"蜇人是蝎子的本能,而生存则是人类的本能"。于是,引出了第二个故事:

二战时期,当奥斯威辛集中营被盟军解放后,战士们被眼前的景象惊呆了。木板床上躺满了瘦得只剩下一层皮骷髅般的犹太人。这些犹太人在被德国纳粹使用各种非常手段残酷折磨后依然以惊人的毅力顽强地活着,终于等来了重见天日的时刻。人和动物一样,都有趋利避害的本能。正是这种本能的存在,人类才得以生生不息,繁衍壮大,从而成为地球的主宰。

两个故事听下来,我们会不会也自然而然地生发出如他一般的感慨:

那么,我们有什么资格与我们的本能做抗争?所以我认为,一个人不但要在平时珍惜自己原本健康的生命,还要在各种突如其来的大难来临时,不惜一切代价保全自己最可宝贵的生命。每个人都有这样的能力,我坚信!

⚓ 发现生命的乐趣

对于生命,医生应该最有发言权。来听听余医生的讲述:

看到那个被家长送来医院急救的少年时,我的心情变得十分沉重。一个小时后,一个鲜活的小生命就此画上句号。这新芽一样的生命啊,就这样因一时的冲

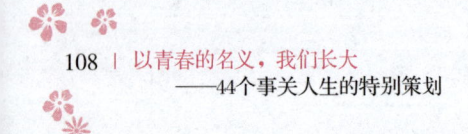

动凋零在青春飞扬的时刻!

曾看到被推出手术室的浑身插满管子的病人,也曾看到在病榻上挣扎着与病魔做斗争的患者,那样的时刻,我才真切地感受到生命是如此可贵,在生命面前,其他的一切都不值一提。曾经有人这么说:比金钱更重要的是健康;比健康更重要的是生命。珍爱生命,要学会善待自己,学会放飞自己,让自己更贴近自然。生活中有许多有趣的事,生命中有许多美好的东西,我们完全可以尝试着去做自己喜欢的事:与朋友去郊游,到小溪边钓鱼,去看看喜剧片,去爬爬山,看看飞瀑,听听涛声……那么多的快乐等着我们去挖掘,那么多的开心需要我们去参与。

尘衣主张

生命奇妙而弥足珍贵,我们有理由对其倍加疼爱。一个能正确面对生活中一切快乐与痛苦、幸运与不幸的人,他首先会从珍爱自己的生命做起。生命的过程中,无途可返,不可替代,所以,我们每个人,都有责任珍爱我们鲜花一样灿烂开放的生命,有理由和顽强的保尔一样,在有限的时间内,让我们独一无二的生命发挥出最大的价值——虽平常,却发出不平凡的耀眼的光彩!

小调查:试试你有多坚强

2005年12月,中国江西九江地区发生里氏5.7级地震;2008年5月,中国四川汶川地区发生里氏8.0级地震;2015年4月,尼泊尔发生里氏8.1级地震,波及我国西藏地区;智利等几个国家更是地震多发区……假如遇到这类突发事件,你会怎么处理呢?请选择:

A. 惊吓慌乱,什么办法也想不出,只能坐以待毙;

B. 正确运用平时学过的自救知识,勇敢自救,同时利用一切有利条件，寻找并配合他人的救援。

选择答案A的同学请在老师或父母的指导下完成下列两道题目，选择答案B的同学可以自由完成其中任意一道题。

1. 拿破仑有一句名言："活着的兵卒，其价值高于死了的皇帝。"请用500字描述你对这句话的理解，须举出亲身经历的事例。

2. 陈同学因为父母在一次车祸中双双去世而沦为孤儿，伤心欲绝；李同学因为期中测试成绩糟糕而整天以泪洗面。你能想办法帮他们走出困境吗？请运用你的智慧，给他们各写一封500字的信。

生命如花，你让它灿烂了吗？欢迎交流——记住，我在微信（chenyiacy）、微博（@尘衣）等你。

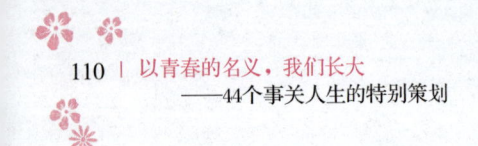

你看你看"误会"的脸

"这一晚我一个人睡,防备着那于事无补的伤悲,还有很多工作要面对,我不能憔悴。我为我的坚强骄傲……"面对误会,有一种人不是怨恨,而是坚强地去面对,微笑着将它看成一种"美丽"。为什么?因为这种人具备健康而又顽强的心态。上面这段话,出自大家喜爱的香港歌星郑秀文的音乐专辑《美丽的误会》,它所反映的便是这样一种乐观的人生态度。

在生活中,误会几乎无处不在。很多时候,由于对客观情况不够了解,或者因为主观意识上的偏差,很容易造成这样那样的误会。所处的角度不同,误会的对象也会有所不同。有时候是你误会别人,而更多的时候,你则委屈地认为,全是别人误会了你。那么,在不同的思想支配下,误会,它在人们的眼光中,到底会出现多少种千差万别甚至说千奇百怪的"面孔"呢?它存在于我们的生活中,到底是好事还是坏事呢?让我们撩开"误会"的面纱,解读一下它那变化万千的脸吧。

⚓ 第一张脸:"误会"是块试金石(学生篇)

那天的阳光很好,我按时走进教室。

怎么有些异样?当我面向大家时,那些分明正射向我的目光立刻齐刷刷地收了回去。难道是我今天的衣着或者发型有什么不对吗?与平常毫无区别呀,应该不会是因为这个的。

同桌王闽见我走近座位,早将他的课桌移到一尺开外。好像我是个带着瘟疫因子的人。

一切就这样毫无来由地变得陌生起来。我左思右想也不明白，今天，自己身上到底上错了哪根发条。

上第三节课时，翻开笔记本，从里面掉出一张纸条来。"你昨天的电子词典，是莫文文的吗？"纸条上除了这样一句问话，再没有一个字。

奇怪，我的电子词典，明明是星期天我参加电视台的知识竞赛时获得的奖品，怎么变成莫文文的了？这不是误会我吗？如果不去澄清事实，我就会名誉扫地，在大家眼里就会变成一个一文不值的小偷……不，我怎么能背上这样的黑锅？但我终于强压着怒火，没有为自己说一句辩解的话。

我不知道是怎样过完这一天的。回到家里，我的表情没能瞒过细心的妈妈。在妈妈的追问下，我再也忍不住了，哭着将事情一五一十地告诉了她。妈妈听了，并没有责骂我软弱，更没有大发雷霆地说要去学校找人算账。她平静地对我说："清者自清。"从妈妈纯净的目光里，我找到了解除烦恼的答案。

在同学们依然鄙夷的目光注视下，时间安静地过去一周。周一再去上学时，刚迈进教室门口，原本鸦雀无声的教室里，一阵比暴风雨更迅疾的掌声猛然响起。除了高兴，我一点也没有惊讶，因为我已经猜到，这是为什么——由于素来不喜张扬，上上个星期天我去参赛时没有请班里的同学组成啦啦队去捧场，而那档节目是提前录制的，直到上周六下午两点才正式播出，同学们当然不知道我获奖的事了。于是，"理所当然"地误会了我一次。

现在想来，我还庆幸自己经历了这样一场误会呢。就像一块试金石，它检验我的胸怀是否宽广、承受能力是否够强，让我学会处变不惊，学着去做一个纯净的人。

第二张脸："误会"是个砝码（朋友篇）

有人说，砝码是"误会"的第二张脸，它能称出我们身上美与丑、善与恶、勇敢与怯懦的分量。当它来临时，如果我们的思想不够完整，不能一分为二地看问题，就有可能被它轻而易举地击倒，成为它的"阶下囚"，这时它所具有的破坏力，会让我们无法应对；倘若我们能够动用自身或借助他人的智慧与能量来采取行之有效的措施对付"误会"，就会迫使它向我们"俯首称臣"。有一次，田田因为一件小事误会了她最要好的朋友楚子，楚子觉得受了莫大的侮辱和委屈，便决定与田田绝交。田田其实是十分珍视她们间的友谊的，但在楚子的冷处理下，除了痛哭，她根本想不出办法来保全这份友谊。最后，还是在谭星姐姐的帮助下消除了这场误会，二人终于握手言欢。谭星姐姐的方法其实很简单，就是请她们互换角色，将事情各自在心中重新演绎一遍。所以，换个角度考虑问题，不失为消除误会的最佳方法之一。

第三张脸："误会"是枚西红柿（教师篇）

误会是人生道路上必经的一道坎。它并不是客观事实，只是借助错综复杂的条件构造起来骗人的幻象，常常使人与人之间的信任关系产生动摇。三国时期，周瑜伪造书信，在曹操与其精通水战的部将蔡瑁、张允之间制造了一个误会，借曹操之手铲除了两个心腹大患。

我们不妨来做这样的假设：如果当时曹操看了书信后不予理睬，或者干脆当着两位部将的面将信件焚毁，那么事情又会如何发展呢？一种可能便是赤壁一战，曹操力破吴蜀联军。诚然，历史也定然会是另外的面目了。

如此看来，误会其实更像一枚西红柿，是对我们加以百般考验的一种道具，就看我们敢不敢面对。正因为有了"第一个吃西红柿的人"，才让我们放心地去品味西红柿的甜美。其时，他所经受的那种信念上的考验，绝不是每个人都能懂得的。

当你遇上误会时，是甘愿成为误会的俘虏，还是敢于面对这个在他人眼里或许"剧毒无比"的"西红柿"，冷静地接受它的考验，去寻求事情的真相呢？

显然，选择后者是明智的。因为在时间与事实的检验下，误会的阴云终会散去。倘若选择前者，在误会的阴影下，再人为地添加一块沉重的积雨云，有何益处呢？

误会，不但考验人们之间的友谊与信任，也考验忍耐与豁达，信念与希望。

第四张脸："误会"是面镜子（学者篇）

著名学者戴海先生在一次演讲中被人问道："您被人误会过吗？怎样对待误会呢？"他回答了下面这段话，这便是"误会"的第四张脸——镜子。在这里，他还细心地为我们提供了正确的处理方法，以供参考。

戴海先生说：

一个人从小到老，只要和人打交道，误会总是难免的——要么被人误会，要么误会他人。通常，人们遭遇前者，总会感到憋屈，而对后者却不易察觉。那么，我们应该怎样避免误会、消除误会呢？

最根本的是善待他人，要善于了解人，理解人，谅解人。能够做到这"三解"，就不至于捕风捉影，乱猜疑，瞎议论，就可以解开任何疙瘩。

一旦被人误会，或误会他人，不要当场与人发生冲突，非得立刻争个水落石出不可。最好的方法是冷静下来，主动沟通。误会好比一道沟、一堵墙，会使人疏远隔绝。只有双方都主动"填沟""拆墙"，才有可能言归于好。

万一一时半会儿不能消除误会呢？那就劝你学会坚忍。坚忍是一种意志，一种魄力，是支撑人格的顶梁柱。在坚忍的状态下，听见了也当作没听见，该做什么仍旧做什么，该怎么做仍旧怎么做，包括对待误会自己的人，依然要与人为善。

总之，误会如同一面镜子，可以照见我们每个人灵魂的最深处。只要我们以坚忍不拔的意志去对待误会，避免误会，消除误会，人与人之间就能彼此信任，

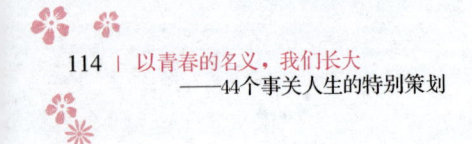

相互亲近。这样多好！

⚓ 尘衣主张

　　就像川剧中的变脸绝活，"误会"的脸也是善变的、多变的，它有时晴有时雨，有时温柔有时暴烈，有时舒缓有时迅疾……但它的每一张"脸谱"并非化装或者道具的快速变换所致，而是取决于我们的思想与认知，取决于我们的理解力与判断力，以及我们的智慧。智者面对误会，总会以客观事实为支撑，无论"误会"幻化出多少种模样，他也不会被蒙蔽。当我们以无穷的智慧去探究问题、解决问题时，所有的误会都会迎刃而解。我们不如将眼光放长远些，将"误会"看作命运对我们的一种恩赐，以它为测试我们智商含量最好的试剂吧——在我们的人生旅途上，以宽容与智慧去消除那些不期而来的误会，让我们的生命永远纯净透明！

　　误会过别人？被人误会过？该怎样消除误会？欢迎交流——记住，我在微信（chenyiacy）、微博（@尘衣）等你。

拿什么来爱你,我的老师……

一个中学生来信向我娓娓诉说了这样一个真实的故事:

一位年仅24岁的女教师,于1995年的8月4日被病魔夺去了年轻的生命;一位稚气未脱的初一学生,于2002年9月10日教师节前夕,仍不知怎样表达心中不可言喻的疼痛和深深的哀愁,只好在作文中再一次深情地哭喊:"老师,我爱您!"

其实,让这位同学至今铭刻在心的,只是一些平凡得不能再平凡的小事。比如某个星期四"我因为父母不在家,只好饿着肚子,她给了我一包方便面";比如"她课堂上比平时凶多了,我算是被批评得最多的";比如"我发表了一篇文章,得了8元稿费,高兴得狂呼……跑去告诉老师,却听到老师病亡的噩耗,一下子又悲痛得要命";比如……但正如这位同学所说的,"一件很普通的小事,体现出的也是她对我们的关心和爱护",更何况有这么多如珍珠般美丽的小事,串联起来不就成了一挂晶光闪闪而又温情洋溢的珠链吗?这,是不是一种最朴实的"师生情"呢?

那么,除此之外,"师生情"是否还有着不同的内容呢?在河南毕店和湖南岳阳两位老师的协助下,我首先密访了我们的校园——

⚓ "师生情"之亲和篇:最好,我们做朋友

密告一:"老师的口头禅?'看你好马虎!'"被调查的68位学生中,有66位揭了侯老师的底儿。"他的优点是风趣幽默、非常敬业、博学多才……缺点

呀？"摸摸后脑勺，"上课不关手机！答应过我们几次，却还是老样子。"

密告二：袁老师喜欢抽烟，已经到了不可救药的地步。有一次，我实在看不下去了，就委婉地说："请问，您知道整天腾云驾雾的鬼叫什么鬼吗？如果猜中了，就请改正您的'臭'毛病吧！"袁老师见我直盯着他手中的烟，就会意地开怀大笑起来，说道："呵呵，你这个小机灵鬼！"没想到这一招还挺管用，袁老师竟然将抽了18年的烟戒掉了。怎么样，我说话比他儿子都有效吧？

密告三：今年愚人节，正好我们测试了语文。王老师开始念分了："余航，96；小成，85；林立……"咦，这几位"先生"进步这么快？他们都能考得这么好，那，一直名列第一的本人……正美美地想着呢，王老师一声断喝："任亮，79！"什么？该不是我的耳朵出了毛病吧？老师已经将所有分数都念完了，我还是云里雾里的。看着余航他们的得意劲儿，我恨不得地面赶快裂开一条缝，好让我……下课铃响了，王老师慢条斯理地说："下课之前，告诉你们一个小消息：今天是愚人节。为了测试一下你们的心理承受能力，我将你们的分数全念反了！"此言一出，教室里立刻换成了另外一种风景，大家有窃笑的，有快落泪的，这表情，应有尽有。而我，却是哭笑不得……你说这老师也太……了吧？

密告四、密告五……

尘衣：同学们的密语可真是太多喽。不过，大家对我说得最多的一句话还是："老师，最好我们是朋友。"不知老师和同学们听后，会有些什么样的想法呢？有一位老师告诉我，他的别样心情。这，便是——

⚓ "师生情"之心情篇：怕看那片深情的目光

明天就是9月10日了，而这个教师节仿佛与我无缘。

没有任何心理准备，新学期开学的第三个晚上，我刚备完课，组织部的领导在校长的陪同下来找我谈话，要借调我去新单位工作。我决定服从安排，第二天起程。夜已深了，想着明天就要走了，心里总是牵挂着什么，翻来覆去睡不着。

忍不住爬起来，给我已任教一年语文的90班班主任李老师打了个电话。

早上6点半，彻夜未眠的我向90班走去，讨厌的雨丝模糊了我的镜片。"老师早！"耳边不时响起脆脆的问候声，孩子们一个个马驹儿般在我的视野里跳跃着。"同学们早！"我一声声地应答，但每一声都带着颤抖，脸上的笑容也很僵。因为，这也许是我在校园里的最后一个早晨了。

怎么向学生提起呢？我正在走廊里踌躇，李老师匆匆走过来。她来不及擦去脸上的雨水和汗水，递给我一个精致的骏马木雕。然后，她率先走上讲台，向学生说明情况。教室里突然安静下来，可以想象，同学们惊讶的表情。我心里一热，眼睛湿润了。

李老师示意我进教室。我缓缓地走上讲台，仿佛这几步路比任何一条路都长。我慢慢抬起头，与神情各异的学生对视着，嘴唇动了几次，却找不到开口的理由。"同学们，我……"刚说几个字，眼泪不争气地流到嘴里，好咸。也许是受我的情绪感染，许多学生趴在课桌上抽噎起来，继而放声大哭。左腿残疾的班长李鹏哭得最凶："老师，还记得您送给我的一句话吗？'心灵的残疾才比什么都可怕'，我一定会做个坚强的男子汉！"连一旁的李老师也转过身去……

我终于强迫自己平静下来，挤出一丝艰难的微笑，说了几句祝福的话后，就趁着早读课的铃声，逃到了办公室。心中一阵愧疚：这节早读课，同学们肯定上不好了。

今天，正巧由我值勤。我拿起校日志，从四楼到一楼，认真巡视，认真记考勤；和碰见的每一个人热情打招呼，命令自己不要留下丝毫伤感。

做完这一切，我觉得我该走了，便匆匆下楼，穿过草坪。"老师，等等！"我蓦地回头，只见90班的同学淋着雨，全围上来。"老师，为我们再上一课，好吗？"这真是一个难题。要是答应他们，我们会控制得了这别离的场面吗？！"老师没备课，下次回来一定给你们补上。"撒了一个美丽的谎后，一种负罪感使我逃也似的离开了那片深情的目光。"老师，你要常回来看我们……"不争气的眼泪再一次奔涌而出，幸亏在雨中，无人看见。

几天过去了，我还在想着同学们雨中挽留我的情景。我至今还在后怕，怕看那片深情的目光。但我相信,明天,我和我的学生们之间,一定还会发生点什么。

尘衣:接着,我又走访了一位教育界知名人士戴海先生,来看看他眼中的师生情——

⚓ "师生情"之传统篇:老师,向您致敬

在戴先生眼中,七十二行中,没有几个行业能有自己的节日,而老师,享有这等殊荣,正正式式有个"教师节"。他说起一则美谈:从前,外国有个富于梦想的少年,他想当总统,又想当作家。长大成人后,却当了一名教师。虽然他没能当上总统和作家,但是人们发现,他竟培养了总统,培养了作家,还培养了各行各业的人才。

他还提到他正在阅读的一本关于大学校长的书,其中讲到被尊为当今学界泰斗的季羡林先生。季先生年届90,还在怀念自己的老师董秋芳、郑振铎、朱光潜等,为他们一一写出长篇回忆性文章。戴先生说:"季老真是不忘师恩的好学生。他不是刻骨铭心,哪有这般肺腑之言!成就再大,也没有忘记自己的老师。老师对他们的影响,是不可否认的。"

戴先生还提到发生在他自己身上的小故事:"我一直记着我在湘潭上小学时的一位女教师,姓冯名树纯。有一次,她给我们讲地球,下课后,我问这'球'在哪里?冯老师笑着往地上点点脚尖,然后给我讲解。40年后,我通过湘潭教委找到了冯老师。那天正好有个仪式,我请冯老师坐上主席台。当晚的电视新闻,播出了我们师生重逢的场面。"

末了,戴先生友情提醒说,现在的中学生,也许觉得有的老师过于严厉,甚至于有些隔膜,对于师生情谊可能体会不深,正如对父母的爱,要日后才懂得此中深味。他说:"为了将来不至于见着老师而汗颜,让我们爱戴老师,信赖老师,道一声:老师,向您致敬!"

尘衣：电话铃响了，是一位家长吴女士打来的。她说："我的孩子回家后，常说老师要我们保护生态环境，要从'我'做起。有一次她见到一个人在街上兜售青蛙，便坚持要我买下那人所有的青蛙，然后将青蛙全部放回了田野。得感谢老师，他们不愧是孩子人生的正确导航者。作为家长，我们应该积极配合学校的教育，尊重老师，尊重他们付出的辛勤劳动，不要让他们的心血白费。多么中肯的话语！确实，老师教给了我们很多。老师的正义感、敬业精神、博学多才，以及老师的幽默与深沉……都让学生产生不少的崇拜心理，以至于很多学生都将老师作为自己的偶像。这，便是——

⚓ "师生情"之偶像篇：一支标杆，永立心头

我向来没有崇拜过哪位歌星，我只是曾经喜欢过他们中间的某些人所演唱的曲目而已；我也没有因为谁长得西城秀树一般而将他的脸谱贴了满屋，只是在见着他的时候在心里说一声"蛮好的"，然后忘却不提。虽然如此，在我内心深处，却总是闪现着一张并不好看的面孔，耳际也不时回响着面孔主人说过的一句话："做人就要做一个正直的人，一个纯洁的人。"说这句话的人名叫陈相国，我的数学老师；听他说这句话时，我刚进小学一年级。

其时我是并不理解这句话的含义的。直到那一次，我亲眼见他做过一件事，便忽然懂得了这句话的深意，并牢牢记住了它。

那天我去陈老师办公室送作业本，还没放下，就有个男人走了进来。他见我在，就要我快点出去。瞪了他一眼，我磨蹭着走出来，躲到窗下，想看看到底是怎么一回事。

那人关上门后，对坐在椅子上的陈老师说："老兄，我拿公家的那些东西，拜托你保密行不？只要风声过去，给你1000块。"天哪，1000块？我听都没听过呢，陈老师还会不答应吗？我正想着，只听陈老师闷声说："你还不晓得我的脾气？自首吧。"那人还要说什么，陈老师已经站了起来，说："走，我带你去。"我想，此刻，陈老师一定拉下了他那张本来就不好看的脸。

忍不住站起来，往房间里瞅。只见那人想开溜，陈老师猛地站起身来，钳住了他的手。那人动弹不得，只好乖乖地跟在陈老师的后面……

从此，我理解了什么叫正直，什么叫纯洁。虽然陈老师并没有帅气的外表，没有优雅的谈吐，没有超人的才能，但他有一颗刚正不阿的心，有自己做人的准则。他的言行，直到今天仍在影响着我。我的人生格言"白衬衫上不该有污点"，便是从他的那句话衍变而来。

今天，我要对陈老师说：您是一支标杆，永远挺立在我心头！

⚓ 尘衣主张

老师，一个神圣而又庄严的名字；师生情，一种永恒而又圣洁的情谊。不管严师高徒还是密如亲友，不管近在咫尺还是远在天涯，不管身处校园还是阔别多年……总之，只要是学生，我们就有理由高呼："老师——我爱您！"对老师永恒的爱，才是教师节最好的礼物！

有喜欢的老师？也有讨厌的老师？理由？欢迎交流——记住，我在微信（chenyiacy）、微博（@尘衣）等你。

两代之间，穿越时空的爱

⚓ 趁双亲还健在

那天，读到保加利亚作家海托夫的一篇文章：

我不曾问过自己，我为什么爱戴着我的双亲，尽管他们早已与世长辞。但是，我要说，在他们仙逝后，我反而对他们爱得更深远。这是为什么呢？

首先，直到现在，在我成熟以后，我才真正认识到，他们是怎样一些人，他们都为我做了些什么。他们为了我往往不顾自己，甘愿牺牲。

父亲卧床不起、病入膏肓时，为了让我去上学，他决定卖掉一块葡萄园和一头公牛——实际上是家里唯一的一头公牛。而我，竟然在他为我做了这些后，却没有说一声"谢谢"。现在，这声没有说出口的"谢谢"使我越发感到沉重和悲哀，因为父亲已经永远听不到了！

我同母亲的关系同样如此。她有幸比父亲活得长久，活到我找到了工作、盖了新房时，搬来与我同住——她那时已年迈，身体瘦小，手掌上布满了终年劳累结下的厚厚的茧子。我爱母亲，敬重她，但是，我没有叫过她一声"亲爱的妈妈"。这些没叫出口的字眼如鲠在喉，可现在，我已经无人可叫了。我的母亲，她已经听不见了。

正因为如此，我要对所有的朋友说：趁父母健在，去爱他们吧，说出对他们的爱吧！一定！

读了上面这篇精美而感人至深的文章，在为作者自然流露出的真情而深深感动的同时，我不禁要问：为什么在日常生活中，很多父母与子女明明彼此深爱着，互相关心着，却不能好好地沟通，以至于留下不可弥补的遗憾呢？在他们中间，真的有一条难以逾越的鸿沟吗？

⚓ 跨越代沟

"代沟"这个词，广义指年青一代与老一代在思想方式、价值观念、生活态度、兴趣爱好等方面存在的心理距离或心理隔阂。由20世纪60年代末美国人类学家M.米德在所著《代沟》一书中提出。狭义指父母子女之间的心理差距或心理隔阂。代沟主要存在于一般成人与年轻人两代人之间，父母与子女之间的差异并不是不可避免的。

一位教育家说，一个名词表示一种事物，一个新词反映一种发现。早些年没听这个词，没有去在意，但不等于不存在代沟。在他看来，上一辈和下一辈之间一向存在某些沟痕，其中的种种差异或距离，是人类的时步，历史的跨越，已经载入史册。

以前的说法是年龄相差10年便会有代沟，后来说5年，而现在青少年中流行的，已经是"三年一代"的说法。难道，仅仅相差3岁，大家之间就会有代沟了，观念就会不同了？照此说法，在父母与子女中间，年龄相差已经有几代了。这，几乎是鸿沟！由此而来的矛盾便也显得更突出了：父母与子女之间，必须有代沟！

但是大家没有注意到，"代沟"一词，长辈很少说，大多是晚辈在说。长辈对这个词似乎深度反感，特别是晚辈当着他们的面说出这个词，他们真的会很伤感，很受刺激，甚至感到很惶恐。当然，也有例外。有的家长听到这个词，会在智商、情商上好好跟子女较量一番：我就用行动来证明，咱们之间就是没代沟！但，这些毕竟是少数。

大多数父母反感这个词，孩子们却爱说这个词，是不是也反映了一种互不靠近、处于对立面的观念？这，莫不正是一道代沟？

是的，必须承认，代沟的存在。承认以后，那么问题就来了：怎么处理它？是填平，是跨越，还是听之任之，任两代之间的关系恶意发展？

自然没有人真心愿意选择第三种，顶多只是气头上嘴里说说而已。

而第一种与第二种，都是多少带有些理想主义色彩的。

对于理想化的事物，我们要做的，就是顺其自然。不管是大人还是孩子，我们顺其自然地付出尊重与宽容，付出理解与关爱，付出沟通与信任，付出努力与交流……大人多与孩子做朋友，多接触他们接触的新事物；孩子多与大人分享所见所闻，多倾听大人说那"过去的事情"——只要在日常生活中注意多这样去做，自然而然，一代接一代，我们就会实现传承与跨越。

究竟怎样才能恰到好处地处理好两代之间的关系呢？我们来听听几位家长和孩子的看法。

closemyeyes（家长）：培根说过，知识就是力量。在对孩子的教育方面，我不排除给予他自主选择的机会，也不会采用传统的僵化的填鸭式教育，但很多基本的知识，我要求他必须学会。国外一位大学教授，曾经因为课题研究需要而去做了几个月垃圾搬运工。教授可以当称职的垃圾搬运工，但是垃圾搬运工能成为称职的大学教授吗？由此可以看出知识的重要性。而要具有足够的学识，就必须在小时候打下坚实的基础。三岁定八十，孩子小时候在我们的安排下养成了良好的习惯，长大后就会很从容地面对很多事情，自然也会对自己的事情做出很恰当的决定。

玲玲（高中生）：上次，我在省少儿钢琴大赛中荣获了一等奖，我非常感谢我的父母。我从3岁开始就学钢琴了。那时不懂事，常常觉得很辛苦，不想学。最初的两年可以说是父母强迫我学的。到后来，随着对音乐理解的加深，我变得自觉了。通过对钢琴的学习，锻炼了我的耐心和毅力，使我对日常的学习和生活都能积极、平静地去对待，去努力。正因为这样，我才更爱我的父母，也愿意活得更精彩。

林飞（家长）：我觉得做家长，首先是要尊重孩子，不管哪个方面。学习、交友、生活习惯等，我都尽量尊重孩子的选择。"棍棒出孝子"等传统思想，应该彻底将它们抛弃。我常常设想着，我和我的孩子就是一对最要好的朋友。我甚至容许她对我直呼其名，我也与孩子探讨很多非常深奥的话题，就连那些在别人眼里羞于启齿的话题，我也能大大方方地与孩子交流。这时，孩子和我并不感到尴尬，在融洽的气氛中她学到了很多必要的知识，我也常常能从孩子的口中听到很多意想不到的精辟见解。还有什么比沟通和尊重更有利于孩子的成长呢？

鱼子（初中生）：我刚升入初中，学习任务比小学时重了很多，可在妈妈的"逼迫"下，每周要参加小提琴、拉丁舞等4个特长班的学习。我现在很疲倦，对这么多的"特长"学习力不从心。也许妈妈认为她是爱我的，她希望我长大以后成为有作为的人。虽然家里每月用在我身上的总花费要2000元左右，可是没有可以自己自由支配的时间和空间，我并不快乐啊！老实说，我现在想跟妈妈沟通却没有勇气开口，我们之间好像已经有了一堵无形的墙。到底是什么成了我们相隔的原因呢？

⚓ 父子也可成朋友

时莹莹同学讲述了一个发生在她身边的故事。

我打小的时候就接触到"代沟"这个词。那是我正要进入初中的暑假，我的朋友跟他父亲闹别扭，他父亲要往左，他要往右，父子俩像两头倔强的牛，怎么也拉不到一个方向去。我以好朋友的身份装模作样地劝说他，对父亲要尊敬，不要意气用事。他却从嘴里蹦出一句："想也甭想，跟他有代沟！"

可是他父亲是打死不肯承认这个词的。他说："代什么沟？我说的都是身经百战体验出来的，教给他，是省得他和我当初一样浪费时间，走不必要的弯路！"

这话让我不知该怎样再去劝说他们了。对一个词，他们的理解截然相反。咦，这不就是代沟的一种体现吗？这么看来，代沟确实是存在的，任谁也不可否认了。

　　这样，接下来的问题就是，怎么对付代沟。父子关系要和谐，有代沟是难以做到的。倘若代沟已经很深，深到没有半点交流的余地，那可是太糟糕了。

　　我看过一篇文章，写大家讨论"父子间的代沟"这个问题。作者的观点是，这个问题没有太多讨论的必要，只要父子双方多站在对方的角度想想，一切就会迎刃而解。譬如父亲，想想自己当初肯定也是得到过他的父亲的一些告诫的，那么他为什么还是走了那么多弯路呢？人生下来，就是体验的过程。何不给儿子机会，让儿子至少在一件事情上亲身体验，待他撞了南墙再回头呢？譬如儿子，为什么不深思一下父亲的苦口婆心，甚至还要怒发冲冠？他这样做自然有他的道理，何不去耐心一点，细细地品味父亲言行的个中滋味？

　　这个说法我是太赞同了。看来，父子之间只要相互理解、尊重、关爱与信任，积极地去沟通，那么代沟就会变得微不足道，父子也会成朋友。

⚓ 尘衣主张

　　我非常理解"望子成龙"的家长和"给我自由"的孩子们的心情。但不得不提到的是，从古至今，由于所处年代的不同，由于年龄的差异，由于所受教育的差别，所受文化熏陶都不尽相同，两代之间绝不可能一点隔阂也没有，必须承认，"代沟"客观地存在，谁都不可能去违背它。所以，互相理解才是处理两代之间关系最关键也是最根本的方式。作为家长，平时应该尽可能与子女为友，也可以有意识地培养他们的反哺意识，学着去爱父母，理解父母。而作为子女，也应该尽可能从一点一滴做起，争取与父母走得更近，让他们从心底里相信自己，给自己真正意义上的自由。这样，有了真正意义上的"爱"的串联，两代之间就算状如水火，也可冰释前嫌；即使远隔万水千山，有着时空的阻隔，也一定可以顺利跨越！

两代之间爱多还是恨多？爱深几许？恨有几许？你是怎样理解的？欢迎交流——记住，我在微信（chenyiacy）、微博（@尘衣）等你。

母亲，有一句话，我还没有说出口

古代的母亲节起源于古希腊。古希腊人在这一天，向希腊神话中的众神之母赫拉致敬。在17世纪中叶，母亲节流传到英国，英国人把封斋期的第四个星期天作为母亲节。这一天，出门在外的年轻人将回到家中，与母亲团聚……现代母亲节则起源于美国，每年5月的第二个星期天，儿女们会为母亲送上一支带露的康乃馨，映红她那饱经风霜的笑脸……

也许，你正为她在饭桌上的喋喋不休而感到困顿；

也许，你正为她眼神中流露出的对你无尽的期望而感到责任重大；

也许，你正为她新添的白发而感到伤感；

也许，你正忙于精心照料日渐衰弱、多病多痛的她……

是呀，你的成长见证她青春的流逝，她的光阴犹如渐短的影子映衬你的未来——你在拥抱辉煌，她却在积累沧桑。

当有一天你无意间听到别人对她的称呼由"阿姨"变成"奶奶"时，你才猛然发现，她，已经被苍老侵入身体。此刻，你感觉自己的安慰竟然如此苍白乏力。

亲爱的朋友，你是否用心去寻找过一张她年轻时的照片，是否想过赶紧和她一起照一张珍贵的合影。面对千百个日子里她与你的点点滴滴，在这个母亲节，除了感触，你是否想为她做点什么？是否有一句话，你还没有对她说出口？

她，就是生我养我的亲娘啊！

彭子平：一件蓝色背心

夏天，乡下的孩子总少不了一件背心，多是用来隔汗，不至于让黄黄的汗渍弄脏了一年难得添置一件的衬衫。有一次，我将衬衣挂在树杈上，跑到溪里去摸鱼。

可是，我的背心不小心被溪边那丛长着长刺的树给划破了。它原本就是哥哥穿过后给我的，我早就不想要它了。正好，借这个机会，要母亲给我换一件新的。

回家后，我把背心朝门口的地上一扔，冲着正在切猪草的母亲喊："我的背心破了，给我买一件新的！"母亲头也没回，一边继续手中的活，一边平静地回了我一句："那不是还能穿吗？"

我没理她。我知道，我一不理她，她就不会再追问下去，然后会想方设法帮我换一件背心。

第二天放学回家，母亲递给我一件叠得方方正正的蓝色背心。我一眼就看出，那是人家穿过的。可是在我的印象中，哥哥并没有这个颜色的背心啊。

母亲看出了我的疑惑，更清楚我心中的不快。她解释说："孩子，你知道，这几年你爸身体有病，我们家的境况实在是不好。只好委屈你了。你就暂时穿上它吧。"

看着母亲几近乞求的眼神，我不好意思再强求她给我买新背心了。

第三天，我感到肚皮上和背部都奇痒难耐了起来。这是为什么呢，难道是穿了那件蓝色背心的缘故？

回到家，还没进门，我劈头就朝母亲发起了火："你从哪里捡来的汗背心？害得我身上痒得不行！"

当时，母亲正在昏暗的厨房里用手搅拌并捏碎喂猪的食物。听到我的声音，她直起向偻着的身子，用手下意识地往额头上擦去。立刻，她的额头上染了一片猪食，将她弄成了一个大花脸。就在她将手伸向额头的刹那，我看到了那件被我扔在门口的破背心——它正穿在母亲清瘦的身上，那裂缝被她缝得细细密密……

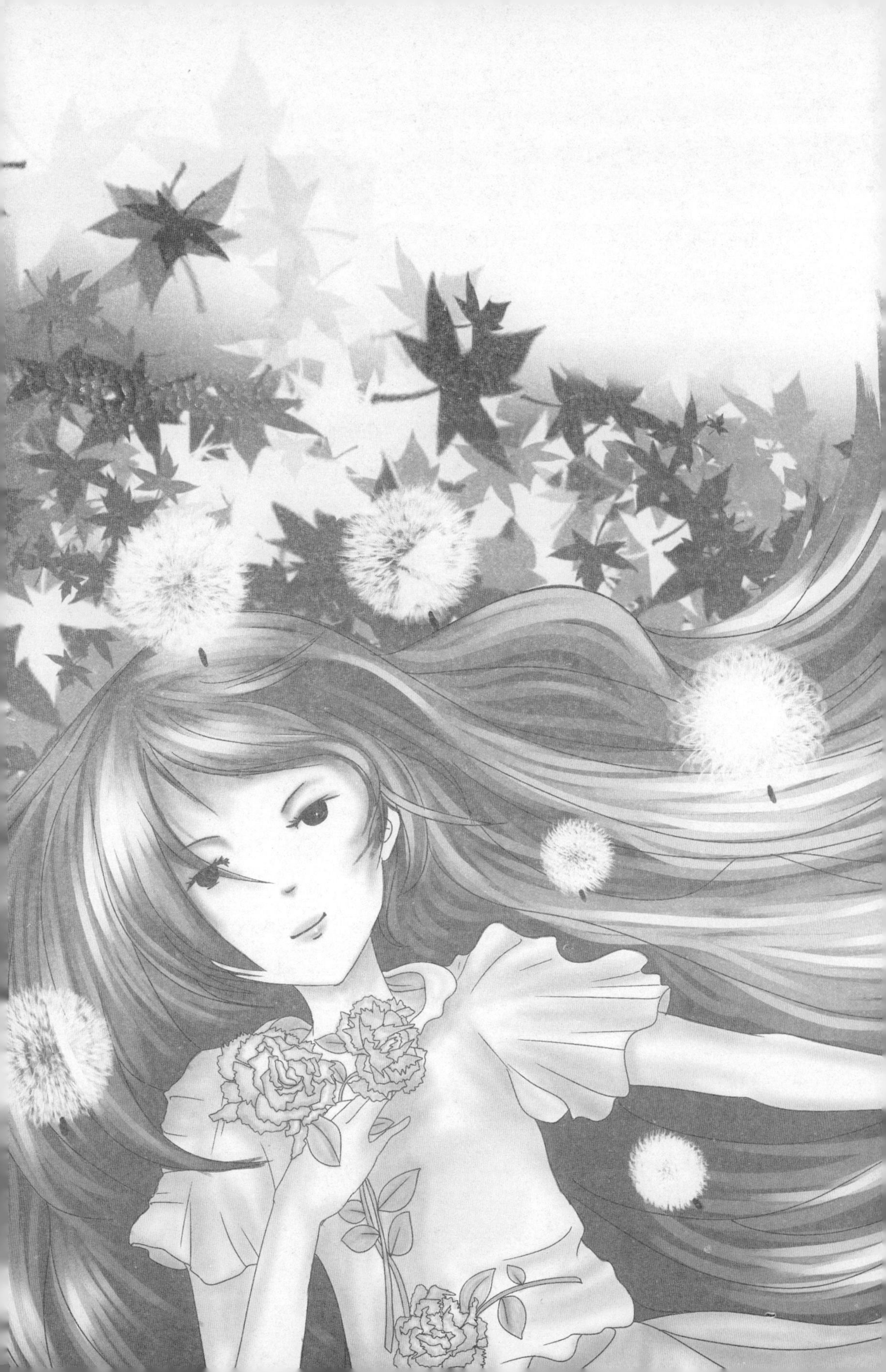

蓝色背心从哪里来的一点也不重要了，我转过身去，跑进房间，在日记本上写下："妈妈，我爱你——"

⚓ 欧兵德：一束黄色康乃馨

常言说，严父慈母。可是我们家恰恰相反。在我的印象中，老妈整个就是一副凶神恶煞，老爸则是大好人。我的大腿根部，至今仍然一片青紫，那是老妈不问青红皂白"赐"给我的"礼物"。

所以我恨她。

不管我有什么想法，痛苦或者欢乐，老爸是第一个和我分担和分享的。老妈就算知道我的一些想法，那也是间接侦探出来的。当然，毫无疑问，老爸是她安插在我身边的"间谍"。但是，我宁可跟和气的"间谍"老爸亲近，也不愿意跟打手一般的她交流。哼！

因为我恨她！

她倒也不在乎，依然如故，该干吗还干吗，比如能掐我大腿根绝不掐手臂，要掐手臂时大腿根也甭想沾边。

上周末，正好是5月的第二个星期天，母亲节。我没有任何感觉，照样去上小提琴课。谁知上完课后，坐公共汽车回家时，不小心将小提琴给摔坏了，琴弦可怜兮兮地脱离了琴身，如同离开母亲的孩子。呸呸，怎么想到"母亲"了？

反正又少不了一顿掐，索性硬着头皮进门吧。可是，一反常态，我没有听到她对我的叫嚷。莫非太阳从西边出来了？见她的卧室门虚掩着，我心虚地推开，走进去。

然而，我的脚步立时凝固一般，差点迈不动了，因为此刻，她正歪坐在床角的地上，豆大的汗珠从她的额上冒出来。她的脸，一片惨白！这还是生我养我却被我视为"仇人"的老妈吗？现在，她连说话的力气都没有了，眼睛只抬起来看了我一下，迅即垂了下去……

我几步抢上去，一手搀着她，一手拿起床头的电话……然后，扶起瘫软的她，将嘴唇俯到她的耳边，轻轻地说："挺住！老妈，我爱你……"一阵泪雨，滴在她极力挤出来的笑脸上……

在医院门口，我特意买了一束点缀着满天星的黄色康乃馨，我要看到她——我的母亲最灿烂的笑容！

尘衣主张

日本有句谚语说：人生最美的东西之一就是无私的母爱，道貌岸然与它相比，相形见绌。是呀，"我爱你"，简单而充满爱意的3个字，有时，我们对旁人会轻易说出口，而对母亲，如此简短的3个字，却总是难以启齿。诚然，爱是不拘形式的。那么，就让我们真诚地用行动去孝敬我们的父母，让他们不仅彼此拥有真爱，更拥有儿女的真情；让他们无论岁月流逝，心中总会洋溢暖意。

爱与被爱既不择时间，也不择地点。所以，我们为什么要仅仅在母亲节时才想起该做的事情和该表达的心意？让我们时刻都铭记但丁的话吧：世界上有一种最美丽的声音，那便是母亲的呼唤！

有一句话，你可以不用说出口——就将它珍藏在心中，化成点点滴滴的关爱，送给亲爱的母亲吧！

❋ 小贴示：才艺DIY

来一次才艺DIY，自己动手，亲自为母亲设计一件小小的物品吧——既省钱，又可以融洽你和母亲间的情感——比如用纸折一个漂亮的小首饰盒，或者给母亲的照片设计一个木制（或硬纸、竹、吹塑纸均可）小镜框，或者给她画一幅画等，倾注你的智慧和感情！

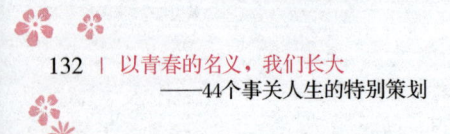

愿意与我分享你对母亲的情感吗？欢迎交流——记住，我在微信（chenyiacy）、微博（@尘衣）等你。

最爱的男人，名字叫"父亲"

对于父亲的情感，每个人都会有各自的复杂感受。父亲永远不会像妈妈那么唠叨，他的爱却一样很温暖，很隽永。父亲的言传身教，是此生难以忘怀的思想洗礼。

"小时候，认为父亲太普通了，长大后才发现，父亲很伟大。"——也许，这是很多人到后来都会发现的……

⚓ 父亲，您就是那觉醒者

1919年，《新青年》发表了鲁迅的一篇文章：《我们现在怎样做父亲》。鲁迅写到，要做"觉醒的父母"，要"解放幼者"，让孩子们"此后幸福的度日，合理的做人"。这些观念，在当年可谓相当"先锋"，今天看来，锋利依旧，仍值得我们深思……

中国的父母大部分是命令性的父母，总是喜欢硬性地做一些指导，总是喜欢对孩子提出要求，把"不"或者"应该"挂在嘴边，不允许孩子去自由发挥。

"商量"这个词，在父子、父女之间的使用率一般不是太高。但在我家，它是被放在第一位的。面对任何事情，父亲从来不端架子，也教会我不使性子，这样，我们父子之间商量的格局便形成了。记得小时候，有一次，我看中了一个玩具，特别想要。可是父亲觉得那个玩具不太安全，容易伤害到小孩，便和我商量，可不可以不要。在他晓之以理的情况下，我接受了他的建议，不，可以说是欢天喜地地放弃了初衷。

⚓ 父爱是营养，使我不再"缺钙"

"父教缺失是我们民族很大的隐患"这一观点得到了60.7%的网友认同。研究发现，婴儿在6周甚至3周便可分辨出父亲和母亲。母亲10次有9次会以相同的方式抱起孩子，而父亲则10次有9次以不同的方式抱孩子。

一个全"阴柔"的环境让男孩的女性气质越来越明显，缺乏男子汉的阳刚之气。为孩子性格"补钙"，需要父教回归。其实所谓的挣钱养家更多只是一个借口，工作再忙，也不能淡忘父教这项伟大事业……

5岁前，可以说父亲是不太顾家的，他一直在外面打拼，这成了他不太照管家里最好的借口。渐渐地，母亲发现我不像别的男孩一样，显得很柔弱，爱哭，爱发脾气，于是，她跟父亲认真地商量了一次。

或许是深知这一点，从那以后，父亲总是按时归家。他检查我的作业，带我去游泳，带我进柔道馆……

跟父亲相处久了，我慢慢地变得刚强起来，父亲见了，高兴地说：我家孩子越来越像个男子汉了。

我知道，他是有意这样说的。可怜天下父母心！

⚓ 父亲告诉我道义何在

父亲的"规训"和"传道"功能旁人难以取代。老奶奶摔倒了应该把她扶起来，教师节送祝福不送重礼，要相信警察叔叔，无论多着急也要遵守交通规则……这就是最简单的道义。

小学时作文中经常出现的故事：小明看到一个老奶奶摔倒了，上前搀扶，路人对他投以赞许的目光。

巧的是，我爸成为现实版小明的父亲。不幸的是，故事结局不美好：我扶起了一位"不小心"摔倒的老太太，可对方竟然好坏不分，到法院起诉我，要求赔偿。这像极了轰动一时的南京彭宇案。父亲无法回答我的质问，他不能对我说——这个世界的真实之处不全是充满爱。

但父亲很明白地告诉我：他不能因为世界根本不是童话，而不给我讲童话。他说，要相信，在这个纷繁复杂的世界里，只要他坚持用符合人性的常识和价值观来教导我，只要我认真地去完善自己的人生，我一定会比他想象的更强大……

父爱深深深几许

跟大家分享几个故事：

回回头，看见爱

女孩一直抱怨父亲对她严厉，从小到大，父亲没抱过她几次。有一次，她从家里出来得较晚，街上几乎没什么人了，她急匆匆地向学校走，临进校门的那一刻心才放了下来。她不经意地回头向来时的路上看了一眼，一个熟悉的背影正在渐行渐远。是父亲！她的心震惊了，呆呆地站在那里，感觉那块郁结多年的坚冰，正在一点一滴地融化……

踩药渣的父亲

听过这样一个故事：父亲生来迂腐。大学毕业后他选择个人创业，父亲坚决不同意，但不久，竟扛来所有的生活用品，说给他打零工。后来他病倒，父亲日日为他煎熬草药。父亲将熬药剩下的渣在门前撒成扇形的一片，说行人从药渣上走过，就会将病带走。一天深夜，他醒来，看到父亲在那摊药渣上不停地走，每一步都落得踏实。凛冽的夜风里，父亲的身体不停地抖，表情无比虔诚……

汇款单是给父亲的一个虚荣

工作后，他每月领了工资就寄500块钱回家。每次到邮局，他总会想起大学时父亲寄钱的情景。4年来，父亲每月都要将收废品挣到的一大把卷了角的零钱，在服务人员鄙夷的眼光中，谦卑地放到柜台上……邮局的人见他每月都来汇款，便建议他给父亲办卡，说有了卡，就不必如此烦琐了。他拒绝了办事员的好意，因为，这是他给予父亲的一个虚荣。当邮递员在门口高喊着父亲的名字，左邻右舍都会探出头来，羡慕地看着父亲完成这一"庄严"的程序……

失忆的父亲只记住了子女

健的父亲老了，并且患上了严重的脑萎缩。母亲打电话告诉健，说健一向身体康健的父亲现在有许多东西已经记不起来了，亲朋好友在他眼中都已经形同陌路。接完电话，健立刻联系自己的兄妹回老家看父亲。到家后他们发现，问父亲他自己是谁，他一脸茫然，却记得子女们的生日和电话。这一串串难记的数字，一个连自己是谁都不知道的人，却能说出来，这是怎样一种深沉和无私的心灵记忆……

⚓ 另类父亲的另类教育观

这些人不一样的教育观，能给我们什么样的启发呢？

郑渊洁：请让孩子输在起跑线上

倘若将人生形容为一场竞赛，"输在起跑线"上只适合短程竞赛。如果是马拉松那样的长跑，就不存在输在起跑线上的担忧。20多年前，某大学的少年班家喻户晓。如今，这些昔日的神童几乎全军覆没。这些孩子没有输在起跑线上，但是他们或父母将人生的马拉松赛跑误判为短跑，拼尽全力赢在起跑线上后，自然会后劲不足，最终败北。让孩子赢在起跑线上，也许会输掉人生……

巴菲特：钱不是留给子女的

股神巴菲特说："财富应该用一种良好的方式反馈给社会，而不是留给子女。巨大的财富不仅会使他们好逸恶劳，成为纨绔子弟，并且不能帮助真正需要帮助的人。"巴菲特的小儿子彼得是一名音乐人，他曾说："唯有人的价值观是最稳定的货币，永远不会贬值破产，并为我们带来最丰厚的回报。"

施晓亮：应试的万卷书先不读了，和爸爸行万里路吧

施哲莹是一名普通的初三学生，在没有办理休学手续之前，她和许多初中毕业生一样，在题海中摸爬滚打。女儿的声声叹息总是牵动着父亲施晓亮敏感的神经。当时，施晓亮正在筹备采风活动，一边是地图上行程规划越来越接近完备，一边是女儿越来越忧郁的表情，以及驼背、近视。施晓亮毅然决定，让女儿放弃中考，跟他在行走中增加阅历。200多天的路程，途经30个省份，访问56个民族家庭……

尘衣：还他什么

6月的第三个星期天，是父亲节。往年的这个日子，总是有各种各样的原因缠住身子，记忆中，似乎从来不曾赶回家，为父亲做一点什么。最多在电话中嬉皮笑脸地跟父亲说一声：今天父亲节哦，给你打电话了啦！连"祝你快乐"几个字都羞于说出口。父亲听了，极爽朗地笑，似乎我把所有的幸福，全在那一句话中赠给了他。

而今的父亲节，就算我很想很想回去陪陪父亲，就算我还想在电话中跟父亲亲密地打趣，父亲却是再也感受不到、再也听不到了。2008年10月25日，一向健康的他意想不到地离我而去。直到他临走的那天，我哭求一位朋友，拿车送我，在他临走前的两小时，我才得以从工作岗位奔到他的床前。一整天没睁开眼的父亲，听到我的呼唤，艰难地微微打开紧闭的双眼。他一直强撑着，是在等着我的到来啊！我握着他的手，抚摸着他的头，说着一些安慰的话。我说，请他不要牵挂我们任何人，他只要安心养病就好了。我靠在他的肩头，将脸贴着他的脸。父亲看着我，慢慢地合上双眼。我感受到他的体温，缓缓地、平静地变成冰凉。

从那以后，我的父亲节，只剩下关于父亲的点滴回忆。一时间，他给我的，我竟是无从言起。深感一言难尽的时候，我只是一味地想，而我，又能还他什么呢？

⚓ 子女心声

父亲的喘气颇长久,连我也听得很吃力,然而谁也不能帮助他。我有时竟至于电光一闪似的想道:"还是快一点喘完了罢……"立刻觉得这思想就不该,就是犯了罪;但同时又觉得这思想实在是正当的。我很爱我的父亲。便是现在,也还是这样想。

——鲁迅《父亲的病》

我读了《堂吉诃德》,总觉得最伤心的是他临终清醒以后的话:"我不是堂吉诃德,我只是善人吉哈诺。"我曾代替父亲说:"我不是堂吉诃德,我只是《诗骚体韵》的作者。"我如今只能替我父亲说:"我不是堂吉诃德,我只是你们的爸爸。"

——杨绛《回忆我的父亲》

远处传来火车的吼声,一列火车开过来了。在闪电亮起的刹那,我看见一块儿松弛的皮肤,被暴雨无情地鞭打着。是一个老年人的丧失了力气的脊梁。火车车头的光束正照着煤车,父亲的肩膀,终于离开了煤车。父亲缓缓抬起了头。我看清了父亲那张绝望的脸。那张皱纹纵横的脸。每一条皱纹,都仿佛是一个"!"。

——梁晓声《父亲》

你爱他吗,那个被你称作父亲或爸爸的人?你能说出他一生中完成了多少大事,他的头上什么时候长了白发,他的身子什么时候变得佝偻而不再挺拔吗?

何玲音(学生):前不久,我的小提琴已经过了10级。记不清多少次,父亲风雨无阻地送我去学习小提琴。从伏在他的背上由他接送开始,到我自己一个人去却需要他接,一晃眼几年就过去了。感谢我的父亲。我3岁那年,母亲离开了我们。那一年,父亲就送我去学小提琴了。最初的两年,我不懂事,几乎是父亲强迫我学的。到后来,随着对音乐理解的加深,我变得自觉了。通过对小提琴的学习,我的耐心和毅力得到了锻炼,我因此对日常的学习和生活都能积极、平静地去对待，去努力。正因为这样，我才更爱我的父亲，愿父亲和我都能活得更精彩。

⚓ 尘衣主张

"父亲"是一个非常非常有分量的词。他代表着责任与担当、依靠与信赖，反映了血脉与真情、关爱与付出。作为子女，请有意识地培养自己的反哺意识，从一点一滴做起，尽可能争取与父亲走得更近，还他以爱，让他感受到我们的温暖与真情吧！

与父亲有关的细节，你观察过多少？父亲在你眼中，是怎样的一个人？你跟他的关系怎样？欢迎交流——记住，我在微信（chenyiacy）、微博（@尘衣）等你。

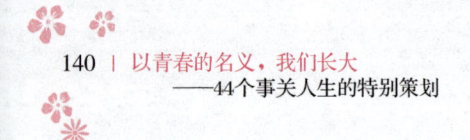

清明时节雨纷纷

清明时节雨纷纷，路上行人欲断魂。
借问酒家何处有？牧童遥指杏花村。

——［唐］杜牧《清明》

"清明前后，种瓜种豆。""植树造林，莫过清明。"二十四节气中，清明是一个很重要的节气。清明一到，气温逐渐升高，春耕春种的大好时节便也来临了。上面两句农谚说的就是这个意思。

清明被当作一个节日大约始于周代，已有2500多年的历史。由于清明与寒食这两个日子相近，寒食与清明渐渐地合二为一，寒食也便成为清明的别称。寒食日是民间禁火扫墓的日子，为一天不动烟火，只吃凉的食品，这逐渐衍变成清明的习俗。清明之日，老百姓多不吃热食，只吃事先做好的冷食。南方的冷食多为青团、糯米和糖藕，北方的则多为枣饼、麦糕等。清明时除了吃冷食，人们必做的事还有扫墓祭祖。很多人还上山植树，把柳条插在房前屋后，用柳条编成圈儿戴在头上，以示对故人的深切怀念。

⚓ 重视清明节，弘扬传统文化

中华人民共和国国务院于2007年12月7日第198次常务会议通过《关于修改〈全国年节及纪念日放假办法〉的决定》，并于2008年1月1日起施行。其中，将清明节和中秋节增设为法定节日，这既体现了社会公平，又充分考虑到国民的旅游与情感需求，更有利于弘扬和传承民族传统文化。

包括春节、清明、端午、中秋等在内的传统节日，是中华民族传统文化重要的组成部分和文化生命力的重要体现。清明节和中秋节从民俗上升为国家的法定节假日，这不仅是尊重群众、顺应民意的历史性事件，更重要的是，我们从中可以看到中华民族重建文化自信的坚实步伐。

作为民俗文化的重要组成部分，传统节日是一种"活"的文化。它以人们喜闻乐见的形式融合在老百姓的衣食住行当中，具有独特的大众性和广泛性，而且每年一次，年复一年，以至无穷。这样的文化载体，其民族团结、文化认同的重要作用是其他形式难以取代的。

⚓ 过自己的节日

我们家乡有一句俗语："过年不回家是心里没老婆，清明不回家是心里没宗祖。"哪一个身上流淌着中华民族血液的人不想在清明时和亲人们一起为先人扫墓、缅怀先人？哪一个炎黄子孙不会在中秋月圆之夜想念自己的亲人呢？

每年的清明，我都会随爸爸妈妈回老家祭祖，为先人扫墓、培土。听爸爸说，以前整个村子都在清明这天停炊，全村人集中在一起吃饭，然后拉了长队去各家的祖坟祭奠。但我发现，前些年并不是这样，而是各家各户只去祭拜自己的先祖。有的在外地工作的人，买来清明吊（一种用各种颜色的纸剪刻的幡状物，顶端系在小棍上，底部剪成流苏状）插在祖坟上面。去年清明回乡，我看到大家又开始聚在一起，热热闹闹地走遍那些埋葬着先人的山头，此起彼伏的爆竹声和漂亮的清明吊使冷清的清明顿时变得热闹起来。大家在这样的过程中交流思想，家长里短，无话不谈。原来是清明节被定为法定节日了，所以游子们都有时间赶回来，和留守家乡的叔叔伯伯、兄弟姐妹一起，回忆先人，祭拜先祖，也互相鼓励着，为以后的日子加把劲。亲情、友情因此变得更浓烈了。

你看，我们自己的节日照样可以过得很快乐很温馨，可是现在很多中国人似乎忘记了自己的节日，把洋节过得越来越红火，圣诞节、情人节大街上人满为患。传统习俗却在他们的心中逐渐被淡忘,这让人感到惋惜。现在都在说全球一体化,中国和全球零距离接触。正因为这样,我们就更得有自己的特色。只要我们保持中华民族的传统,弘扬中华文化,说不定过不了几年,外国人也会因为思念自己的先祖而过起我们的清明节来呢。

高启有诗云:"满衣血泪与尘埃,乱后还乡亦可哀。风雨梨花寒食过,几家坟上子孙来?"这让我想起很多台湾同胞来。他们一定希望清明节时能为自己的先祖奉酒一盏、送茶一杯吧?清明时分,如果他们能多回大陆走走,那么这对于增强两岸凝聚力是多么有益。2008年12月15日,两岸海空"大三通"正式开启,台湾同胞回乡的路更近了……

现在,清明节是法定节日了,我们何不回到故乡,去缅怀先人,在先祖的坟旁多植一棵树?在一系列的祭祖活动中,或许我们也会如杜牧一般,拈来几行优美诗句呢!

小贴士:清明祭祖须防火

清明祭拜先祖,在坟头燃放鞭炮,特别要注意防火。如果因为燃放鞭炮而引发山林火灾,咱们的先祖也会不高兴的哦!

小调查:搜索关于清明的传说

有兴趣的朋友可以去网上搜索一些关于清明的传说与故事,或找人打听,以加深对清明的了解,对传统习俗有更深的认识。

☆相关链接☆

与清明有关的古诗

下面是两首与清明有关的唐代古诗。

寒 食
〔唐〕韩翃

春城无处不飞花，寒食东风御柳斜。
日暮汉宫传蜡烛，轻烟散入五侯家。

阊门即事
〔唐〕张继

耕夫召募爱楼船，春草青青万顷田。
试上吴门窥郡郭，清明几处有新烟。

有兴趣的同学不妨去查找一下《全唐诗》等，看看有哪些描写清明的古诗是你喜欢的，抄录下来跟大家交流。

清明节，你做了什么？欢迎交流——记住，我在微信（chenyiacy）、微博（@尘衣）等你。

地震过后，我们更坚强

2008年5月12日14时28分。这一刻，一场突如其来的巨大灾难，瞬间改变了几十万同胞的命运，中国四川省阿坝藏族羌族自治州汶川县发生了里氏8.0级大地震！这次地震千年不遇，是新中国成立以来发生的破坏性最为严重的地震。震中位于汶川县的映秀镇与漩口镇交界处，震源浅，在地表10千米左右，震级高达里氏8.0级，烈度最高达到11度。与汶川邻近的几个县北川、青川、彭州等成为重灾区。由于烈度大、震动强，地震波及大半个中国，包括北京、甘肃、上海、陕西、湖南、贵州、台湾等多个省市，半个东南亚有明显震感。转瞬之间，地震夺走了无数鲜活的生命，摧毁了无数幸福的家庭……

2015年3月，尘衣又去走访了汶川、映秀、茂县、松潘等地。7年过去，这里的创痛似乎还在，但重建起来的美好，和人们脸上渐渐多起来的笑容，显示了坚强与不屈。

在映秀镇，在当地一位现在从事导游工作的灾民的陪同下，在地震原址——漩口中学遗址看到了当初倒塌的房屋。其中一栋5层的教学楼，几乎就在地震发生的瞬间，5层便只剩下1层。其余4层，都被埋进地下。屋顶则歪躺在地上，上面已经杂草丛生。导游说，就在这栋教学楼的5楼，正在上课的陈老师原本完全可以跑出来，但为了学生，他撑在最后，直到屋梁倒下来。救援人员找到遇难的他时，屋梁压在他的身上，他身下还护着两名学生。在地震博物馆，那次地震的所有场景通过电视屏幕还原，包括被地震摧毁、山崩地裂的场景，国家救援、志愿者救援的场景，和外围支持与守护，等等，让人无限震撼而又感动。

⚓ 遍地是英雄

英雄老师张米亚

一名男子跪在废墟中，双臂紧紧地搂着两个孩子，像一只展翅欲飞的雄鹰。两个孩子还活着，而"雄鹰"已经不幸气绝！由于紧抱孩子的手臂已经僵硬，救援人员只得含泪将之锯掉，才把孩子救出。这名男子是映秀镇小学29岁的老师张米亚。"摘下我的翅膀，送给你飞翔。"最爱歌唱、多才多艺的张米亚老师用生命诠释了这句歌词，用血肉之躯，为他的学生撑起了生命中最大的一片天。

还有谭千秋、孙春艳、苟晓超、张辉兵、李宏勇、何代英……这一个个真正大写的名字！

点评：教师，你的名字叫责任。生死抉择仅在一念之间，而这些不幸遇难的老师们选择了死。一个"死"字怎么写，当时也许他们来不及去考虑，但他们分明清楚地知道"生"字的写法，和它沉甸甸的分量。那个"生"，既是生存的生，也是学生的生啊！

⚓ 那些最美的声音与容颜

蒋德佳（什邡中学初二学生）

如果你是一名志愿者，当你听到从废墟底下传来稚嫩的歌声"两只老虎、两只老虎，跑得快，跑得快……"和"起来，不愿做奴隶的人们……"时，你能不为这坚强的声音而感动吗？

这个美丽的什邡小女孩，被倒塌的校舍砸断了左腿。救援人员在挪动她的时候，她没有哭泣，用微弱的声音安慰着大家说"要勇敢"，然后露出一抹甜甜的微笑。她那不经意的坚强的微笑，使得现场无数人潸然泪下。

点评：孩子，你只能选择坚强。那些鲜活的生命，在歌声与笑容中容光焕发。那是生命的最强音，和最美丽的微笑！

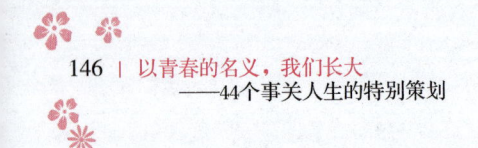

⚓ 我们一起活下去

汶川县映秀镇漩口中学初三学生马健透过缝隙对埋在废墟中的同学向孝廉说:"我不会走的。你是班上年纪最小的,也是生命力最旺盛的,这点困难难不倒你。"他一边喊着"坚持,坚持",一边疯了似的用双手刨着水泥碎块。大约4个小时后,向孝廉终于被刨了出来,而马健的双手已经血肉模糊……

点评: 危难中互相帮助是现代青少年的美德之一。坚强的生命让死神也望而却步,而团结所凝成的力量最有资格对任何困难不屑一顾!

⚓ 中国一直在不断提高设防标准

建筑的设防等级和其抵御地震灾难的能力有着直接的关系。新中国成立以来,国家一直非常重视对地震灾害的预防。随着我国经济实力的不断增强,我国的抗震设防标准也一直在逐步提高。

据介绍,1966年邢台地震后我国出了第一部抗震规范,只有30页。唐山地震后又出了1978年版本的规范。改革开放后出了1989年版本规范,并明确了抗震设防目标,提出"小震不坏,中震可修,大震不倒"的指导思想,体现了以人为本的精神。之后,又出了2000年版本规范,达到300多页,内容在不断完善。

☆相关链接一☆

名词解释

震源:地壳深处岩石发生破裂产生地震的地方。

震中:地震发生的源头以垂直方向投影到地面上来的点。

震级:地震释放能量的大小。

烈度:地震造成破坏的程度。烈度表总共分为12度。12度的地震,在表里只用了"山河改观"这个词来描述。

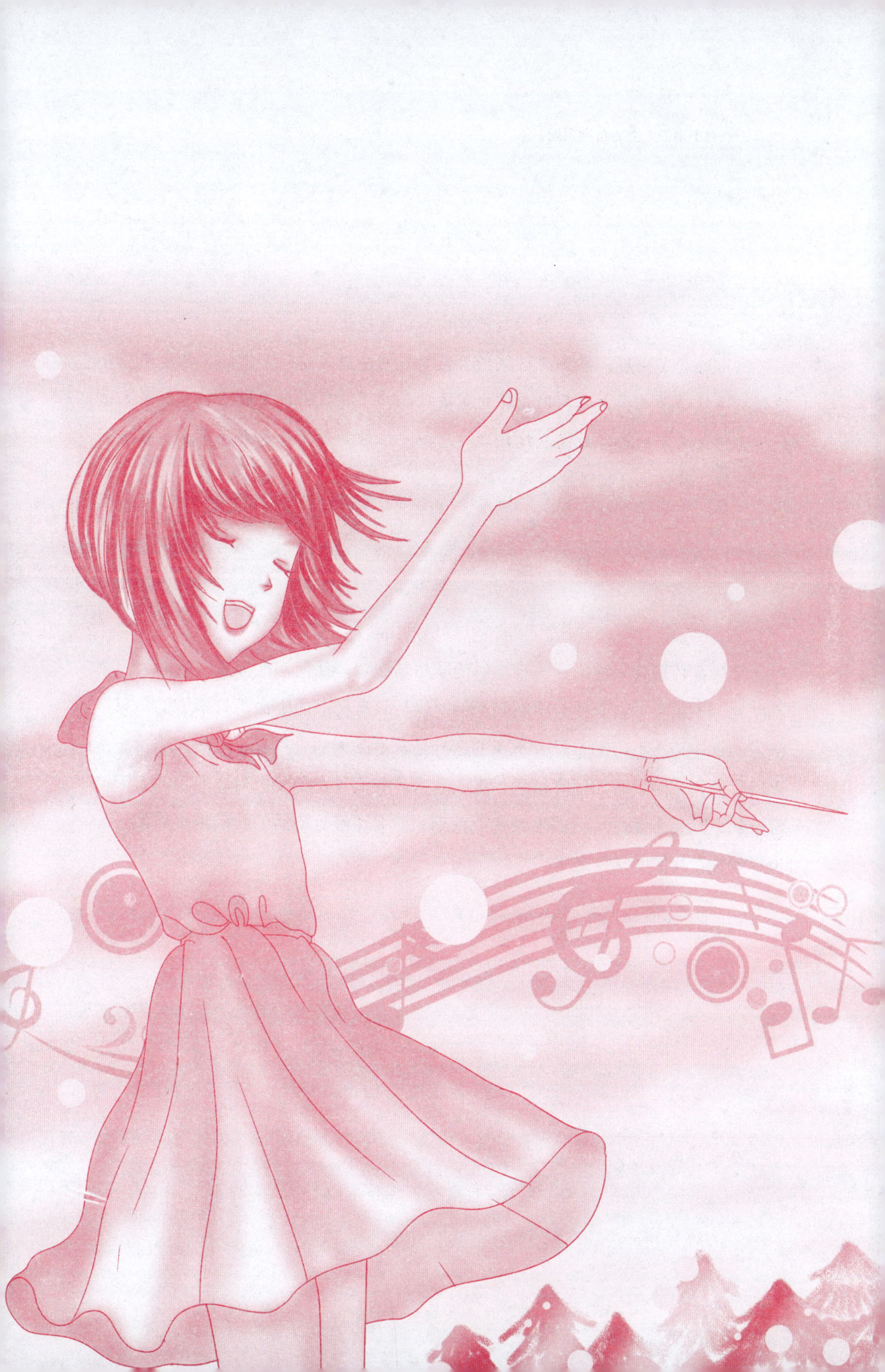

☆相关链接二☆

建房要严格执行抗震规范

汶川地震发生后,很多严格执行抗震规范的房屋经受住了考验,但也有一些达到标准的房屋倒塌,其原因是这次重灾区的房屋建筑的抗震设防烈度标准未达到防御特大地震的标准最高烈度12度。所以,不但是灾区重建中房屋抗震要达到设防标准,其他地区建房也必须如此。

尘衣主张

临危不惧,世界仍然由我们主宰

幸存者必然有一种历经大难之后的欣然与振奋。任何一次灾难发生后,只要不抛弃、不放弃,就必然有重新崛起的时候!只有勇敢的生命是打不倒的,只有坚强的意志是压不垮的,只有不屈的精神是永不磨灭的,只有希望的火焰是浇不灭的!失去家园,我们还有信念;失去亲人,我们还有朋友。只要西落的太阳照常升起,只要千锤百炼后的生铁变成精钢,只要历经沧桑后的我们重整旗鼓……世界就全在我们的掌控之中。

突如其来的状况发生时要如何应对?平时你注意训练自己的应急能力了吗?欢迎交流——记住,我在微信(chenyiacy)、微博(@尘衣)等你。

"5·20"营养日,给身体一份温暖的爱

2008年发生的"三鹿"奶粉事件让人记忆犹新,人们对含有三聚氰胺的奶粉"谈奶色变"。尘衣2009年做过一个问卷调查,发现对很多中学生来说,5月23日国际牛奶日还是一个相对陌生的节日。但随着国家营养知识的宣传普及,不少中学生对"5·20"中国学生营养日还是颇为关注的。

⚓ 金球的故事

"豆芽"变"冬瓜"

我和弟弟是一对双胞胎。不知是不是妈妈偏心的缘故,我这个叫"金球"的哥哥虽然先出生10分钟,却瘦得可怜,和随后出生的弟弟"银球"相比,简直一个是"豆芽",一个是"冬瓜",因为弟弟实在是太胖啦!

我的瘦弱让妈妈伤透了脑筋。她总是想方设法地为我增加餐数,补充营养。我看她那么卖力地为我忙这忙那,心想她肯定是觉得把我生得瘦小,感到对不住我才这样做的。所以,我对妈妈的忙碌一点也不领情,总是与她对着干——她要我吃鱼,我肯定去夹肉;她要我吃青菜,我肯定只吃腐乳;她要我少吃零食,我肯定一整天都"粒饭不进"……

弟弟就不同了,根本不挑食也不偏食,而且不怎么吃零食。他的身体一直很结实,很少生病,甚至连喷嚏都很少打。我呢,却三天两头的不是感冒就是发烧,不是头痛就是脑热,反正没少折磨妈妈。

有一天,妈妈带了几本花花绿绿的菜谱回家。妈妈说,她今后不再为我当

"厨师"了，要我自力更生，自己为自己做菜。被她一激将，我不服输的劲头上来了。我说，这有什么难的，我保管把自己养得白白胖胖的。

我认真地研究菜谱，从最简单的菜做起。虽然刚开始炒煳了很多菜，盐味也总是不对，不是咸了就是淡了，但是因为是自己做的，也就不能和往常一样怨声载道了。一个月下来，我居然喜欢上了自己做的菜。再过一个月，我居然长得和弟弟一样胖了，肌肉也很结实，从"豆芽"变成了"冬瓜"。有一天，看到客厅里空空的水果篓和零食盒，我才想起，我已经疏远它们很久了。

⚓ 中国学生营养日

1989年5月20日，中国启动了"中国学生营养日"活动，同年成立了中国学生营养促进会，确定每年的5月20日为中国学生营养日，其目的是在学生中开展营养教育工作，广泛、深入地宣传学生时期营养的重要性，大力普及营养知识，倡导合理营养、平衡膳食。毫无疑问，这对预防营养不良和营养过剩的发生均有很大的促进作用。自1990年起，每年的5月20日，各级单位组织开展的学生营养宣传活动得到广大师生、家长的欢迎，许多营养学专家也积极参与到这项活动中来，尽力支持这项活动。

> ❋ 小调查：积极参与"5·20"营养日相关活动
>
> 你所在的学校、村乡、街道、社区和城市在"5·20"中国学生营养日会开展哪些活动呢？请记录下来，看看自己平时在营养摄取方面有哪些可取与不足之处，与大家共同探讨。

⚓ 重视营养，爱自己多一点

众所周知，"吃"是人类的本能，也是生命的第一需要。我们不断地从外界摄取各种食物，然后消化、吸收和代谢来维持身体的生长发育和各种生理功能。在这一连续过程中，我们的身体摄取到了一定的营养。这，实际上是生存和繁衍的需要。从这一点来说，营养是健康之本、生命之源。

那么，营养是可以随心所欲地摄入的吗？答案是：否。"吃什么，怎么吃"这一看似简单的生活问题，实则是大有学问的。为此，有一门专门研究营养的学科，研究营养的合理搭配和科学摄取。这使得人们不再停留在营养摄入的本能阶段，而是掌握必要的相关科学知识，从而获得合理的营养，促进身体健康。

民以食为天，人类文明发展到今天，在吃这一块的安排越来越合理，制造出来的食品类别也越来越丰富。但也正是后一个方面的原因，我们面对的食品便显得鱼龙混杂，这需要我们科学而认真地去加以甄别。有的人偏食或喜欢吃零食（据调查，89.9%的儿童、青少年有吃零食的习惯），或受家庭收入与饮食习惯的影响，会造成营养摄入过少或过多，从而产生一连串的问题。常见的问题有以下几点：1.钙摄入量少。2.吃得太油，膳食结构不合理，造成某些营养成分过剩。3.超重和肥胖。据调查，15~17岁少年代谢综合征的患病率有随家庭收入增加而逐渐增高的趋势，高血压、高血脂等症状在青少年中也时有发生。

> ❋ **小贴士：别让零食抢了正餐的胃**
>
> 《中国儿童青少年零食消费指南》中明确指出，零食分为"可经常食用"（每天食用）、"适当食用"（每周1~2次）、"限制食用"（每周不超过1次）3个等级。很多"洋食品"如可乐、炸薯片、炸鸡翅、炸鸡块和雪糕等，都属于限制级零食类。所以，零食最好在吃好正餐的前提下再适量摄取，这样才可以使身体所需的营养保持平衡，才不至于因滥吃零食而导致没胃口吃正餐，造成营养不良。

> **小调查：垃圾食品**
>
> 你平时接触的食品中有没有垃圾食品？如果见到垃圾食品，你会怎么做？

⚓ 尘衣主张

营养跟教育一样，伴随着一个人成长的每一个阶段，如胎儿营养、婴儿营养、儿童营养、青少年营养和中老年营养等，各个阶段的营养摄入情况各不相同。营养状况和营养水平直接关系到一个国家和地区人民的身体素质，是影响一个民族人口素质的重要因素，尤其对青少年体能与智能的发育状况影响十分显著。由于缺乏营养知识以及社会经济发展不平衡等原因，我国学生营养过剩与营养缺乏的现象并存。很多家长在营养认知方面存在误区。其实，重视学生的营养，不一定需要昂贵的保健品和补品，关键是保证平时合理、科学、平衡的膳食。有营养师甚至指出，青少年时期的营养不良容易造成青少年性格偏执，导致青少年犯罪率飙升，成为影响青少年一生的可怕因素。这不是危言耸听。从现在开始，请试着合理摄取营养，给自己和家人一份温暖的爱吧！

> **小贴士：自己定制三餐食谱**
>
> "早餐吃好、中餐吃饱、晚餐吃少。"请去搜索几种不同的三餐食谱，并跟同学交流。

> **小调查：运动与营养的关系**
>
> 调查一下，运动跟营养有什么关系？请制作一份调查报告。

调查报告不写可以吗?当然可以,只要你心中有数。你的看法,欢迎与大家交流——记住,我在微信(chenyiacy)、微博(@尘衣)等你。

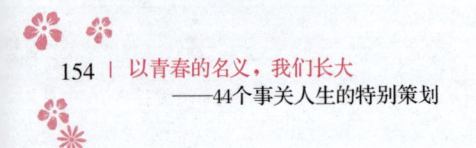

不敢健康，如何青春！

或许你正在寻求快乐，却忽略了健康也是快乐的一部分；或许你正在享受幸福，却淡忘了健康也是幸福的一方面；或许你渴望拥有财富，却不懂得健康也是人生最宝贵的财富之一；或许你正在构思人生的理想画卷，却没有将健康当作人生理想一样地去追求。

健康和身体如影随行，是我们的另一个生命。人生若缺少身体健康，便很容易与痛苦结缘，与悲伤为伴；身体健康却有着病态心理的人生，则不是真正的人生。只有极力从身体和心理两个方面进行锻炼，达到身心两健康，拥有青春活力，才可称为真正意义上的"健康"。

⚓ 身体健康频道

2003年初，有一种名叫"非典型肺炎"（SARS）的疾病突如其来，给我们的生活造成了不可小觑的威胁。但是，如果我们能像张同学一家那样自觉地参加到全民健身运动中去，加强体育锻炼，就完全可以战胜SARS等诸多疾病，像范晓萱在《健康歌》中所唱的，健康的人快乐多！

张家有一场全家健身行动

不必拥有占地耗材的健身器械，不必投入大量的时间与金钱，也不必去做汗流浃背、气喘吁吁的剧烈运动，我们张家的"人人健身活动"如同吐出新绿的嫩芽一样，生机勃勃地开展起来。它使我们一家三口受益匪浅，收到了出乎意料的良好效果。

  每逢节假日，在街头巷尾来去匆匆的人群之中，总不难发现3个步履稳健、神清气爽、显得与众不同的行路人——老爸、老妈和我。全家一起出门走走，不仅可以使我们的体格变得更加强壮健康，也将我们的性情磨砺得更加坚韧刚劲，还使我们能够有条不紊、闲庭信步般地处理好生活中的大小事情。

夏天，我们会在院子里开展丰富多彩的健身活动。我们进行得最多的运动是"家庭羽毛球赛"。在我家，老爸球技首屈一指，要知道，他曾获得过他们单位的羽毛球单打冠军。尽管他每次都让我和老妈3个球，但每次的家庭赛，几乎都成了他的表演赛。小院里一年当中有大半年时间，总能听到我们健身时的欢声笑语，令左邻右舍羡慕不已。邻家小孩被吸引进来，与我们一道分享这份运动带来的喜悦。在寒冷的冬日，我们的运动方式则偏重于室内项目，如因陋就简地在客厅的木制地板上进行室内乒乓球，或者全家一起随着音乐练习健身操。此外，社区里的"全民健身运动场"，也为我们提供了一方锻炼的广阔天地。

通过各式各样的健身行动，我们既锻炼了身体，又丰富了业余生活，还增进了彼此间的感情，真是一举多得的美事。无论何时何地，请走出家门，步入空气新鲜、阳光和煦的户外，做一个健身专家吧！

点评：体育医学研究发现，有氧运动对养生保健大有裨益，而闲适的散步正是这种运动的最主要方式。革命老人徐特立、德国哲学家康德，都将舒心益气的散步作为延年益寿的首选途径。其实啊，除了散步，锻炼身体的方式简直太多了。比如摇呼啦圈、踢毽子、打球、跳绳，或者街舞、三人篮球赛、游泳……只要是你感兴趣的运动，都可尝试着去做，并且坚持不懈地进行下去，你的身体素质就会很快得到提高。若是参加"三好学生"评比啊，你棒棒的身体一定会替你争气！

⚓ 心理健康频道

每个人都应该积极参加国家提倡的全民健身运动，同时，更要注意心理上的修养。这里，学校和家庭的教育与影响显得尤为重要。只有将身体上的健康与心理上的健康有机结合，我们才会更有信心和力量去实现我们远大的理想，我们的生活才会更精彩。

生命建立在健康的基础上

与清华大学中文系杨教授讨论过"健康"这个话题。他给我的来信，话语温和，却观点鲜明：

"生命建立在健康的基础上，有许多天才人物，比如古代的贾谊、曹植、柳宗元，以及西方国家的贝多芬、莫扎特、高斯等人，都因为健康的问题而早逝。他们对人类的科学、文化、艺术等做出了极大的贡献，假如不是英年早逝，可能他们的贡献会更大。

"健康，有身体健康和心理健康两种，我认为心理上的健康比身体上的健康更不容忽视。二者就像山和水一样。山是固定的，千年万代，如果没有突发的地震、火山的爆发，没有人为的破坏……山就会永远留存。我们的身体也是这样。只要在平时注意养成良好的生活习惯，饮食睡眠有规律有节制，不糟蹋自己，也就会像长存的山一样健康长久。水不固定，各自东西南北流，变动不居。稍微遇到一点阻碍，就会产生一些变化。心理健康也是这样，我们在生活中可能会遇到许多问题，比如同学间的矛盾、学习中的疑难、家庭里的麻烦、成绩上的勉强……都会让我们感到不舒服，因此在心理上就有了压力，一时难以解决，不像身体上的病症一样，吃几服药，动个手术就成。

"怎样解决心理健康的问题？其实这就像水的流动，虽然是变动的，但如果它确定了大的方向，它的流淌就能在变动中不断地调整，虽然'江河曲似九回肠'，到末了还是流入了大海。作为学生，只要将自己的方向调整好，比如有远大的抱负、理想，知道自己的大方向是在未来，就不会为此时此刻的些微矛盾而烦恼，就会不低头、不沮丧，慢慢地调整自己，设法解决暂时的困难。既然是远大的理想，当然不会轻易就能达到。只有将自己的理想放远大，才不会为身边的琐碎而整天烦恼，心理上的问题也就迎刃而解了。"

用坚强决定前路

与身体正常的人相比，很多身残志坚的人，更令我们肃然起敬。比如张海迪、霍金和乙武洋匡……他们不因身体残疾而痛苦、消沉，却顽强地与病魔做斗

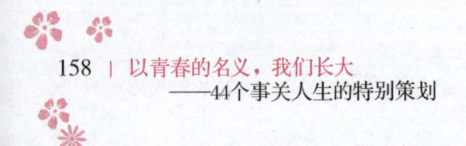

争，著书立说，成为人尽皆知的心理上的胜利者。

2003年，浙江大学心理与行为科学系徐副教授在谈到非典型肺炎对孩子的影响时说，突发事件是儿童成长的困难时期。于孩子的成长过程来说，"非典"是一次重大的考验——在与"非典"的斗争中积极参与、学习，同时感受关爱和尊重，在以后的突发事件中会变得更坚强，也会更健康地成长。

由此我们可以看出，心理健康能帮助克服身体上的不健全，从而正确地面对疾病、灾难甚至死亡，成为人生的搏浪者。当遭遇人生的磨难时，请记住：用坚强来决定你人生的前路。

⚓ 尘衣主张

有则故事，是关于健康的。故事说，在健康、聪明和财富之间，如果只能选一样，怎么选择？答案只能三选一。只有选择健康的才是人生赢家——有了健康，才有拥有其他两项的可能。

我们的青春、快乐、幸福、财富和理想，都与健康有着不可分割的关系，一旦没有了健康，这一切的一切，便成为空谈。所以，在我们的日常生活中，一定要注意休息，增加营养，加强体育锻炼，保持宽容大度、乐观向上的心态，提高身心免疫力。无论何时何地，别忘了对自己说：我的身心，要健康；我的青春，更要健康！

让健康与我们同在！

身体是革命的本钱。你的"本钱"状况如何？你身边人的"本钱"状况又如何？欢迎交流——记住，我在微信（chenyiacy）、微博（@尘衣）等你。

校园人情风，扛不住的社会"辐射品"

来而不往，非礼也。——《论语》

礼尚往来，是中华民族的优良传统。在人与人交往的过程中，互赠礼品确实有着非常积极的一面。但作为不具备独立的经济来源、完全靠父母等外来援助的初中生来说，面对愈演愈烈的校园人情风，他们扛得住吗？你对同学之间互送礼品和请吃请喝持什么态度？你觉得同学间增进友谊最好的方法是什么？

关于校园人情风，我与大家进行了一次座谈，大家就这个话题进行了热烈的讨论。

许同学的观点别具一格

礼尚往来DIY

是的，人情风已经刮到校园，弄得同学们苦不堪言，纷纷讨伐世俗对象牙塔的侵害。

我倒觉得凡事要一分为二地看，不一定非要杜绝校园中的"礼尚往来"不可，主要是把握一个"度"，引导比杜绝更有效。有时候，把我们的心愿通过一些具体的物质的手段表达出来，会有意想不到的效果。

成长的过程就是各种经验不断积累的过程。需要强调的是，礼物的贵重程度与个人想表达的心思不成正比。不用专门为了要给同学买礼物而向家人伸手。平时的零花钱，稍微计划一下，想买的东西暂时不买，想实现的某个愿望暂时不去实现。我觉得让大家从小具备理财能力，也没有什么不好。

可以用电脑自制一些可爱的小卡片，或者FLASH（电脑动画），最大限度地体现自己的创意。还可以充分发挥想象力，利用易拉罐、过期的精美杂志等，做出许多有趣的东西。

记得有一年元旦，大家都为挑什么样的贺卡发愁。有个女同学就用照相馆里用的那种黑色的纸做原材料，再贴以火柴头、小碎布、脱脂棉花什么的，收到礼物的时候我们都特别感动。许多从书店里买来的精美卡片都被我们弄丢了，而那些可爱的自制礼品，多年以后，却被我们一直保存着。

所以说，准备礼物的用心比礼物本身更有意思，也更加富有意义。

要讲求个性，最好自己动手。DIY，拒绝COPY。

⚓ 李同学大倒苦水

可怜的我，可怜的南

现在，校园内悄然兴起的"请客之风"越刮越盛。不信你看，有几位幸运儿能逃脱这场声势浩大、来势凶猛的重量级"龙卷风"的侵袭？又有几位实力派"大款"能经受住"寄生虫"们成群结队而又威力无比的"大扫荡"？

南是我们班出了名的来者不拒型"摇钱树"，没事时上她那儿捞一把，几乎成了一些"小人"的拿手好戏。

我是南的顶头上司，她是我的麾下乖将，关系甚是融洽。但我们的座位中间却隔着一条天河似的通道，这便使得我俩各守本分，只待下课后或午后，来一次"七夕相会"。所以，每次聚会，我总会瞅准时机，捞她一小把（也算是手下留情）。我常常乐此不疲，她也总是尽量让我满足——"周瑜打黄盖——一个愿打，一个愿挨"。

不过，我可不是个只管索取不知付出的市井小人。看着南时常为请客所苦，我也会发发善心，倾囊相助；看着她时常被女生麻雀般群起而攻，我也尽量"两肋插刀"，帮她招架。

如此一来，可苦了我这个家境并不富裕的"见义勇为"者，我上个月一连8个早上没吃一顿早餐！我亲爱的早餐，都跑到她们的肚子里去了……

"南，请客！一条'益达'，哈，我一片……"

"见者有份，可不能少了我……"

天哪，可怜的南刚买的"益达"，早被一扫而空，身旁另外几位"眼缓手慢"的小女生却还在大发牢骚。

无奈，南只好在众人的"簇拥"下，又一步三停地朝小卖部挪去……

可怜的南，可怜的我，可怜的小女生们！

⚓ 尘衣抛出问题

人情风引出的3个小问题

我接到过很多学生和他们的家长写来的信件，反映在校园中收礼和送礼等方面所体会到的不少无奈。由此，我访问了几所学校，归纳出代表部分学生心声的3个小问题。

问题一：纪念品是为了纪念吗？

一个阶段学满毕业了，老师要调离了，好朋友因转学等原因要分开了，同学的生日来了……便想到了要送点礼品留作纪念。但有的同学为了表示所谓的深情厚谊，觉得一个笔记本、一张贺卡档次太低，千方百计地去买一些花钱更多的精美饰物、精巧的电子产品，以为这样下来，自己的身份便高人一等。既然称之为纪念品，难道其主要用途不是为了纪念吗？

问题二：友谊可以贴上价格标签吗？

同样，很多同学认为礼品越贵重越豪华越好，以为日后好朋友会将自己记得更牢。而且，还根据亲密程度来决定礼品的档次。纯洁的友谊被贴上了价格标签，失去了"礼品"二字所包含的真正意义。

问题三：谁愿意当"非礼"者？

一位学生告诉我，她为了参加同学的生日会，悄悄地找亲戚借了100元钱，至今不敢向家里提及。她说，同学们都去，我再穷也不能让他们给我戴上一顶不近人情的"非礼"帽子。

对于这3个问题，你们持什么态度？

赵老师劝告大家

平平淡淡才是真

我的学生阿安，放学后一回到家便向妈妈要300元钱，说要给好朋友成买生日礼物。"上次人家送给我的生日礼物——那副'邓亚萍'牌乒乓球拍花了298元，所以我想送他一双'李宁'牌运动鞋。我总不能低于人家呀！"

已经不止一位家长向我抱怨这些了。我们不妨先来分析一下这种现象产生的原因。

首先，是受社会风气的影响。学生耳濡目染，难免也学着大人们为"送礼送什么"而烦恼。

其次，是学生自身的几种心理在起作用。第一是从众心理，身心处于成长阶段的青少年，很多事情并没有自己的主见，盲目跟风。第二是企图交友的心理，以为借送礼可以交到更多朋友。殊不知，这与酒肉朋友何异？第三是感恩心理，不还人家的情，怕被称为"被肉包子打中的'狗'"。

校园本是一方圣洁之地，可是，当这种现象愈演愈烈时，我们就不能再等闲视之了。

我不反对交友，不然哪来"友谊"二字。但"患难朋友才是真朋友"，马克思和恩格斯的伟大友谊，皮斯阿司与好朋友达蒙的动人故事，还有菲利普关键时刻不管朋友罗杰，不正是最好的范例吗？

平平淡淡才是真。平日里若即若离，患难中倾心相助，更能让人心安。

⚓ 尘衣主张

"君子之交淡如水"这句话在社会和校园中同样适用。最重要的是心灵的交融，感情的自然流露，金钱买不到最珍贵的东西。有时一次真诚的帮助、一句温暖的话语、一个会心的眼神、一张自制的叶片书签、一枚小小的卵石、一声遥远的祝福……都会让人的心猛然一颤，不经意间彼此的距离就近了。能够做到这样，我们还会为怎么处理同学间的关系而困惑吗？还会被一些不必要的繁文缛节所束缚吗？还会给本来负担沉重的家长增添额外负担吗？还会担心同学因你送的礼品的贵贱来揣测你友谊的含金量吗？甚至还会因此而影响到你的学习和生活吗？

不会，一定不会！

☆相关链接☆

皮斯阿司与达蒙

皮斯阿司冒犯了国王，被判处绞刑。皮斯阿司是个孝子，他想在死前与百里之外的母亲见最后一面。国王同意了，但要求皮斯阿司必须找一个人来代替他坐牢。没想到皮斯阿司真的找到了这样一个人，那就是他的朋友达蒙。

刑期到了，皮斯阿司还没有回来，达蒙被押赴刑场。人们都嘲笑他，竟然为了别人白白送掉性命。风雨交加，绞索套住了达蒙的脖子。就在这时，皮斯阿司在风雨中飞奔而来，高喊着："我回来了，我回来了。"

你遇上的最可恶的校园人情风是怎样的？打算怎样对付？欢迎交流——记住，我在微信（chenyiacy）、微博（@尘衣）等你。

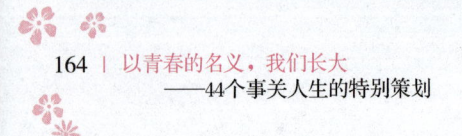

作别童年，12岁生日大写真

进入初中，我们就已经或即将作别天真烂漫的童年，走进多姿多彩的少年生活。而被俗称为"童限"的12岁，正是这两个时段的分界点，具有较为特殊的意义。那么12岁生日这一天，我们又是怎样进行着或准备进行哪种别样的洗礼呢？是大摆生日宴，还是出游览胜？是安静地与书为伴，还是形同往日，甚至将这事忘得一干二净？或者，你的生日会更与众不同？

⚓ **李磊的故事**

12岁，我们共同起飞

记得我12岁生日那天，爸爸出差了，妈妈上班又没空理我。到了中午，我空荡着一颗心，强忍泪水朝食堂走去。

排了半天队后，我端着饭菜朝教室走去。

闷闷不乐地推开教室的门，眼皮随意地一抬，傻眼了！班里的同学都聚在这里，我的座位上放着一个双层蛋糕，上面插了一圈纤细的蜡烛，蜡烛下面的白色奶油一圈圈荡漾的样子，一下子激起了我心底的千层波澜。

同学们一见我来，笑着把我拉到蛋糕面前。只见蛋糕上用红色的奶油写着："12岁，我们共同起飞！""啊，我明白了，你们要在同一天和我一同成长！"我激动地大声喊道。"对！高不高兴啊？"高兴，我怎么会不高兴呢？我已经高兴得泪流满面了，连"谢谢"两个字都说不出来。

伤心早已被抛到了九霄云外。闭上眼，我许了一个美丽的愿望。然后，双手握住塑料小刀，李明、刘蕾、佳佳的手都伸了过来，压在我的手上。我们齐心协力，分享着我们的喜悦，分享着我们的成长……

是的，我们从此又跨入了一个崭新的阶段。迎接我们的，也许是风雨、是荆棘，也许是灿烂、是辉煌。但，不管前路怎样，我们都会用我们充满热情的双手去拥抱明天，展翅而飞……

这位同学正在这儿激动不已，另一位张同学却不想要这样的热闹，她只想一个人静静地过生日。她一直记得10岁那年的生日。"桌上淌泪的小蜡烛，我怎么也吹不灭。摇曳的烛光里满是刚刚离这个家而去的爸爸的身影……"她说，"我只想悄悄地许个愿，'给我一个完整的家，让我的生活也充满阳光和欢笑。'"不知这句话，她的父母能不能听到？

李桂龙的提议

12岁，栽棵树

我在一所山村中学老是教初一、当班主任，班里一茬茬的孩子大多12岁。孩子的12岁生日，农村人是很看重的，大都要摆宴席、延宾客，顺带收礼金，这是近些年来的习惯。既然是习惯，便无可厚非。家长的决定，我也不必去做什么评论。由童年迈向少年，确实是人生的一个重要转折点。怎样才过得更加有纪念意义？作为老师也便有义务探讨另一种补充形式：使孩子在吃了喝了穿了玩了乐了把蜡烛吹灭了以外，还能在心灵深处留下点什么。

今年上学期，我给班里5位同在一周内满12岁的孩子过了个集体生日。恰好碰上植树节，便带着他们，每人在光秃秃的公路边栽了一棵树，并给他们讲解为什么要这样做。12岁，栽棵树，这棵树里永远都会刻着孩子的年轮。更为重要的是，我觉得我们未来面临的最大麻烦，恐怕就是环境问题。我们已经有了一条黄河，而长江也快要变成第二条"黄河"；我们已经有了一个黄土高坡，说不定又会出现第二个黄土高坡；我们已经有了浩瀚无垠的沙漠，也许在最近的若干年会有更多的绿野被沙化；我们已经几乎每年都要绷紧防洪抗洪的弦，或许哪一天真的又要重演"大禹治水"的壮举！

树呀，我们越来越少的树呀！

上辈及我们这一代，约95%的人脑子里是没有环保意识的，大抵是无话可说了。但我们再也不能忽略未来，忽略我们的下一代了。12岁，栽棵树，确实微不足道，也并不是标新立异。但是，如果我们做了，或许就有一棵树的种子落在了孩子心灵的土壤里，在那儿蔚然成荫。

秦同学的体会

我的生日，与礼品错开

就在前一周，爸爸的一位作家朋友给我家发请柬了，他女儿满12岁。

爸爸封了一个大红包，还准备了一个漂亮的花篮。

星期天，在那家四星级的酒店里，满厅的彩色气球，闪烁的霓虹灯，熙熙攘攘的宾客……好大的场面。我看那小寿星的眼睛就一直没睁大过，她高兴哪。

回家以后，我心里很不舒服。

满12岁，真的是那么值得大张旗鼓吗？一个人的成长，是顷刻间的事吗？人生的转折点，就只有这一个吗？就算要纪念，不能用别的方式吗？……

一个月后，我也要满12岁了。我先对自己说，我的生日，要与礼品错开。我已经看了日历，我的生日正好是周末。到那天，我会去海边，在沙滩上塑一个我自己。那个我，既代表过去的我，又代表未来的我。当潮来时，那个我会被海浪冲走。于是，过去的我就会将我的灵魂也融入到大海中，然后，升华成未来的我，慢慢地长大，包括我的身体和思想……

我决定把我的想法去告诉爸爸和妈妈……

⚓ 尘衣主张

精彩！是的，谁没有12岁呢？谁的人生路上不是有欢笑也有泪水，有得意也有失败呢？每一个人生的转折点，我们不必拘泥于哪一种形式，最重要的，是让它如何有价值、有意义，能在我们心灵的画页上留下永远值得珍惜的痕迹。这就足够。

你的12岁生日快到了吗？还是已经过去了呢？你的12岁生日，又打算或是怎样度过？欢迎交流——记住，我在微信（chenyiacy）、微博（@尘衣）等你。

给自己一次说来就来的感动

——见过自恋的,没见过你这么自恋的。

——No,我这叫"被自己感动"。Do you know?长得美,说话又深刻,我真为自己感动。

话说回来,平日里的我们,总是在爱别人。家人、爱人、朋友、孩子……在各种各样的节日和纪念日里,我们变着法子来让他们开心、感动,却很吝啬于这样对待自己。我们很少称赞自己,很少给自己制造惊喜,很少为自己的所作所为而泪流满面……

请仔细照照镜子。会不会觉得镜子中的你,特别可爱,模样也还不错?再想想,是不是觉得自己平时做事很出彩,说话有水平,想法很独特?有没有注意到,你看人的眼神总是炯炯有神?你还很爱笑,笑起来简直美呆了……你,是不是越来越被这么美好的自己感动了?

不要总把你的爱与感动给别人,你同样需要快乐地自恋起来。我们每个人,都需要被自己感动一把。还等什么,让我们马上开始,主动写一篇《被自己感动》的命题作文吧。

⚓ 我是个女汉子,我都被自己的执着感动了

我若是认定了一个目标,绝对会头也不回地走下去。啥,我执迷不悟?告诉你,这叫执着。我感动于我的执着。

网友爆料一：我现在还处在等待录取消息的日子里，我不知道那个好消息是不是已经出现，或是正在来的路上。为了不错过它，不错过可能是我这辈子标志性的幸福，我很执着地去做着一切准备：积极参加各种招考咨询会；不放松身体的锻炼；每天按时作息，努力学习，好好用功。我要用最好的状态和最好的成绩迎接命运女神的到来！我的这份执着啊，把我感动得好虚脱！

网友爆料二：你知道我是个女汉子。去年为了帮你，我不得不为你一针一线缝了一件COSPLAY（角色扮演）的衣裳。白天学习晚上缝，打2014年直接缝进2015年。每天都缝到凌晨3点以后。宿舍要求10点半关灯。我打过手电，插过应急灯，去过走廊，用过手机屏幕。我容易吗我？现在事情过了大半年。我想想，依然觉得这是我今生所做最牛的一件事。

你当时冲我笑了。我于是认为，自己的所作所为，真是感天地泣鬼神！

尘衣：执着的人儿好动人。

⚓ 我是个老好人，我都被我的心肠感动了

我有一副好心肠，看不得别人有困难。每次逛街前，我都要把钱换成5毛硬币，路遇乞丐就给，来回路过就来回给。即使有时候明知道他是个骗子，我还是会为他慷慨解囊，为他两肋插上几把刀……去哪里找那么好的我？真是被自己感动死了……

网友爆料三：逢雨天，我就有一种冲动——给路人撑伞，真的。看到没有伞的那些人，我会给他们撑，而且无论男女，一视同仁哦！你说，我该不该为自己感动一把？

网友爆料四：初二的时候，下晚自习在车站等车时，看见一个老人在卖晚报，一共就剩两份，我先买了一份，后来看最后一份迟迟没能卖出去，就一狠心把那一份也买了（身上就剩5毛钱）。结果大晚上的，自己走了回去。当时自己

都被自己感动了。

网友爆料五： 高中的时候，坐2路车回家。一位白发苍苍的老太太都站了一站地了，还是没人让座。当时我也没座，售票员也不管。于是，我鼓起勇气，硬着头皮喊了句："大家给老人让个座吧！"之后，好多人都站起来让座。哎哟喂，当时的我呀，自己把自己感动得够呛！

尘衣：好人一定会幸福。

⚓ 我是个专一的娃儿，我都被我的痴情感动了

"痴情"这个词，不只是适用于爱情，它照样适用于友情，适用于花样年华中最真挚的友情……你若是个痴情人，你就总有感动自己的时候。

网友爆料六： 我爱你那么多年，我这么爱你，可你从来没有说过爱我，甚至从来不把我的爱当一回事，可你跟别人跑了我都没生气。我真感动啊，突然感觉自己是如此伟大！可我又是那么失败！谁叫你，是我又爱又恨的亲姐？我的失败与伟大啊——把我的这份感动，和每一个痴情的人分享……

网友爆料七： 从初一到现在，一直喜欢那个人，我的美术老师。虽然现在，她已经在大洋的另一端了，也很少有她的消息，却不知为什么，还是喜欢她。临走前告诉她我喜欢她。她说，我也喜欢你。我比你大5岁，你就算是我的一个妹妹，我们算是忘年交。希望你以后，成为一个有出息的人。

有时候想，其实我不再喜欢她了吧？可是很多时候，想起这个人，还是会嘴角泛起微笑。连自己都不相信，自己居然能有这样持久的"爱力"。友谊真是纯真啊，我彻底感动了自己！

尘衣：纯真的友谊，就是看见对方和另一个眉清目秀的人牵手，你也不嫉妒。

⚓ 我是个认真的汉子，我都被我的一股认真劲儿感动了

认真好。认真可以实现很多看似不可能的目标……当你的成功一个接着一个时，你会被自己感动。说，嘿，这家伙，还不赖！

网友爆料八：我是个认真的汉子。上学的时候，我总是独自完成作业，然后拿去给同学抄；为友谊而付出的时候，我总是把他所有的短信都抄下来，还亲手给他制作过无数礼物；上班后，我每天第一个到公司，勤恳地干满8小时，有时还有点超过，却从不主动提加薪这桩事……

我认真地过着我的人生，突然，我被我这认真劲儿感动得倒吸了一口凉气。

网友爆料九：每次考试，思路特清晰，老师给的题不管背没背，答起来头都不大。那个下笔如有神啊，其实也就是胡诌。但是写完考卷再一看，天，是我写的吗？也太感人了吧？写得真是好啊！

网友爆料十：跟同学约定，1个月之内要减到126斤，否则就要接受严苛的"大冒险四选一"。1个月过去了，今天量出来：127斤（我身高176厘米），拿掉手机钱包钥匙等物品之后，终于到了126斤。好险啊，不然……可是，这一个月，我过的是怎样的日子啊！不过，看见原来紧巴巴的衣服都松了一圈，我那个欣慰啊，真的被自己感动了！

尘衣：世上就怕"认真"二字。有了它，你就可以成为"东方不败"……

⚓ 我这么个优秀的人，真是越瞅自己越感动

优秀当然超越一般，只有它才能打败普通。做个优秀的人，你不被自己感动才怪。

网友爆料十一：有一年，某市的中考作文题目为《被自己感动》。我们常被

他人感动，却鲜少被自己感动。其实，我们长得不难看，脑子也转得飞快；我们会些小技术，唱歌写作缝补小破布；我们会做小料理，中式西式都成；我们特会跟人聊，人人都说我们有亲切感；我们还特大方，买东西叫人搭送点啥都不好意思……我们的优点数不清，千真万确。嗨，陌生人，我们感动了自己，也希望感动你。你是不是愿意和我们一起，自恋起来，一起做更好的自己？

网友爆料十二：我就想说句特真实的话：每次获奖时，我都会激动不已，甚至会流下滚烫的热泪。毫无疑问，那是被自己给感动的。被自己感动一点也不奇怪。你瞧，我不容易动心，就难以进取；我不进取，就难以成功；我不成功，又何谈优秀？当然，不成功的人，肯定也是有优秀的另一面的。我认为自己优秀，光这一点，就足够把自己感动得不行了。因为，它是自信，是我成功的动力和基石啊！

尘衣：虽然说木秀于林，风必摧之。可是，就算被风摧残，秀木还是没有劣于不秀于林的大多数木……做个优秀的人，一点也不影响你赠予这个世界的亲和与影响。

⚓ 我热情似火，给自己最火辣的感动

热情往往更易进入和创造一个崭新的世界。有热情，才会热爱。有热爱，才能学会被自己感动。

网友爆料十三：我有着火热的爱国热情。不管走到哪里，我爱我家，我爱我国。有些人坐下来吃饭，跳起脚骂人，甚至骂国家。你再怎么改变，你的血液不会改变，你的国家就是那个国家。个人利益当然重要，国家利益更应该在它之上。人无完人，但只要是爱国的人，我都会油然而生对他的敬意。而我自己，坚定地爱着我的祖国。我不就是那个让我油然而生对他的敬意与感动的人吗？

网友爆料十四：我不是个完美的人，常常失误。但我有热情，不惧怕，不妥

协。失败没什么，大不了从头再来。心若在，梦就在。投入足够的热情，看事情不绝对化，不给自己放弃的理由与机会。这样的过程，往往会不自觉地感动自己。

尘衣：内心奔放的人往往被认为是"闷骚"型。闷骚？很好嘛！有热情才有激情，有激情就有速度，就有可能创造出火辣辣的世界。

⚓ 尘衣主张

多点内涵，被自己的深度感动得融化

我们总在感动，总在付出，总在爱。我们有肤浅和天真的时候，也有深刻和饱满的时候。我们有时候看重个人利益，有时候把国家利益看得高于一切。我们时而忽视真相，时而探究真相。不管是怎样的我们，都是我们某个时刻最真实状态的一种体现。最真实的我们，甚至会撒一些善意的小谎。可是，我们依然可爱，依然阳光，依然可以尽情绽放。给自己多点深度和美好，以真正富有美感的内质感动自己，让富有节奏感的律动美化我们的生活，更要让能带给自己感动的我们，去感动整个世界。

你有哪些被感动的瞬间？欢迎交流——记住，我在微信（chenyiacy）、微博（@尘衣）等你。

让我一次"萌"个够

"卖萌喽卖萌喽!哎呀,萌一个萌一个嘛!就萌一个,不行吗?"好多人一听这话,鸡皮疙瘩掉一地。显摆可爱,嘟嘟小嘴,摆个"胜利"的手势,来个数连拍,那些都不过是"萌"的初级阶段。这个"萌"字,是大有讲究的哦。

⚓ 我就是那个叫"萌"的字

1.发芽,开始发生:~生。~发。~芽。~动。故态复~。

2.萌的定义有多种,网上有时含有"狂热"和"欣赏"的意思,但用起来有不同。萌的用法是××+萌,××可以是人名(角色名)、职业等。

3.植物的芽:~蘖。

4.古同"氓"。

5.动漫术语,用于形容二次元事物、可爱的事物,让人有感觉的意思(此用法为日本语用法)。

6.新兴网络词汇,形容可爱的表情或人。

萌招一:以上释义如不准确,请以《现代汉语规范词典》为参照。

⚓ 涉"萌"成语:1个、2个、3个……

鄙吝复萌:鄙吝,庸俗;萌,发生。庸俗的念头又发生了。

杜渐防萌:杜,堵住;渐,事物的开端;萌,萌芽。在事故或灾害尚未发生时就预防。

故态复萌：故态，老脾气，老样子；复，又；萌，发生。指旧的习气或毛病等又出现了。

见微知萌：微，细微；萌，发生。看到事物微小的迹象，就知道其发展的程度。

旧念复萌：萌，开始，发生。旧时的念头或想法又重新发生。多指重犯旧时的错误。

遏渐防萌：同杜渐防萌。

防患未萌：防止祸患于未发生之前。

防芽遏萌：错误或恶事在未显露时，即加以阻止、防范。

旧态复萌：同故态复萌。

萌招二：好好运用，功成"萌"就。

⚓ 萌，你这个网络流行语

"萌"作为网络流行语，脱胎于日语"萌え（もえ）"。"萌え（もえ）"在日语中表示可爱、喜爱的意思。中国网民把"萌"字单独拿出来，比喻很可爱的意思。于是，涉"萌"网语，几度泛滥，且生命力超强：

字萌、滋萌、竹萌、众萌、兆萌、余萌、遗萌、邪萌、未萌、庶萌、鄙吝复萌、边萌、宾萌、苍萌、防萌、浮萌、寡萌、根萌、勾萌、故态复萌、葭萌、奸萌、见微知萌、箭萌、旧念复萌、旧态复萌、烬萌、句萌、开萌、黎萌、梨萌、良萌、六萌车、乱萌、萌通、萌兆、氓萌、萌起、萌苗、萌阳、萌毓、萌象、萌发、萌点、卖萌、萌物……

萌招三：对、对，有点多，请慢慢消化。

⚓ 此处单挑"卖萌"一词，详细起底

哼，自个儿萌就得了呗，还卖！

卖萌是一句台词

"萌萌,站起来!萌萌,站起来!"自从出演《赤壁》后,"嗲姐"林志玲上任何综艺节目,都被要求重述这句台词,更多的则是被模仿。当某男主持人躺在地上假装"萌萌"求志玲姐姐呼唤时,台下"嘘"声一片。大家"嘘"的是:主持人"萌"过头了。

卖萌是一篇演讲

浙江大学光华法学院某副教授在2012年学生毕业典礼上发表了1100字的"甄嬛体"讲话,不仅赢得现场学生的阵阵掌声及欢呼声,更是在网络上火了一把。他回应记者称,希望通过幽默轻松的方式让学生"快乐毕业"。妙句摘抄如下:

"朕私下想,诸位书生必是极好的。众爱卿均是高帅富,众爱妃均是白富美。但是,请你们记住:法律只评价客观行为,而不关心主体形象。"

"你们说,到浙大来混,将来要做一个混混。但是,浙大毕业生不能做个小混混,要做个敢爱、敢恨、敢裸奔的文艺混混。"

"紫金港、西溪、玉泉、之江、华家池……浙江大学每一个校区都带着水字,'浙江'二字一半是水,所以,浙江大学是中国最水的大学。但是,我们的毕业生绝对不能做水货。"

"第三还是第一并不重要,重要的是浙大从来没有二过。但是,即使有一天浙大二了，我们也会死心塌地地爱她。这就是母校。"

"浙大校徽的标志是'求是鹰'，校长看到我们的院徽设计，会很生气地问：我的鸟呢？所以，我们心中，法学院的院徽应当是猫头鹰。法学院的毕业生因此应当有猫头鹰的气质。当然，猫头鹰精神还有另外一种——能走猫步，能干鸟事。"

"你们经历两三年的'有期徒刑'，有的人是打着游戏度过的，有的人是打着KISS（吻）度过的，有的人是打着酱油度过的。不管你们曾经打过什么，你们统统'刑满释放'。出去后要记得，得人品者得天下，要以德服人。"

卖萌是一种华丽的"恶搞"

前有小胖，后有元芳，再有杜甫（时间跨度那叫一个大）。找元芳的多了去了，用长沙话说，搞得他"忙醉哒"。而小胖和杜甫的头像，都被"P"（PS）出各种姿态，或巧笑倩兮，或仪态万方，或精神焕发，或范儿十足。不信？有图有真相。

萌招四：关键词——忙。不是志玲姐姐忙，不是副教授忙，不是小胖忙，不是元芳忙，也不是杜甫忙，其实是"萌"在忙。

卖萌是一阵风

以上各位算是被大家"萌"怕了，但大家意犹未尽，风儿是一阵接一阵地刮，连皇上也不放过。各朝皇帝们屡屡被人们翻出来"卖萌"。继"朕就是这样的汉子""朕就是这样的秉性""朕知道了"等清代皇帝的御笔手书"萌翻"大批网友之后，有人又在西安碑林博物馆发现唐玄宗亲笔手书"朕略萌"。网友纷纷调侃："微臣知道了，皇上不要闹了，乖。""如此撒娇使不得。"怪人家牵强附会？人家硬要将它当成藏头诗，你拿他有办法吗？

萌招五：跟风这事，很不好很不好的，来点创新嘛，成吗？

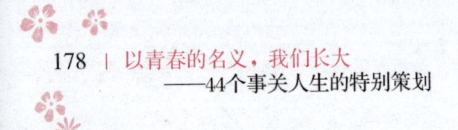

卖萌是种技术活

"萌"实际上得多些智慧才能驾驭。要能制造轰动效应，引发网友推波助澜，不然哪有小胖亮了、杜甫红了，连《石台孝经》碑也火了？大家再去西安碑林博物馆参观时，肯定会去看看"朕略萌"吧？甚至还会因此对其加以深究：此碑集三帝于一身——由文帝孔子撰、唐玄宗以隶书御笔书写并作注、唐肃宗题写碑额。三帝行文，顶天立地树人，气度非凡。此碑不但彰显了唐代盛行的"以孝治天下"思想，也为李隆基与杨玉环的千古爱情佳话拉开了序幕。瞧，各种萌的活动中，我们自己同样大开眼界，那叫一个受益匪浅呢！

所以说，世上之人大有萌在，世上之事大可萌起来。显摆可爱，嘟嘟小嘴，摆个"胜利"的手势，来个数连拍，那些都不过是"萌"的初级阶段。找点空闲，开动你的脑筋，奉献点智慧，"萌"些绝事奇事妙事来，带给大家欢乐，带给社会思考，岂不是萌人亦萌己吗？

弱弱地问一声：今天，你萌了吗？

对，你萌了吗？你的萌招是什么？欢迎交流——记住，我在微信（chenyiacy）、微博（@尘衣）等你。

暴徒来袭，如何应对？

卑鄙者才把仇恨施之于孩子，百世流芳的英雄则只会用生命践行责任与爱心。

既然一个完全远离暴徒、反社会者和有暴力倾向的精神病患者的世界是不存在的，那么理所应当地，大家就得为应对这些做好准备。

美国得克萨斯州休斯敦市附近皮尔兰独立学区一名11岁的初中男生威胁说，要带枪去学校。2013年1月10日他被警方拘捕，并被送到一所青少年拘留营看管。

2012年12月14日，美国康涅狄格州一小学发生枪击案，造成28人遇难。同一天，中国河南也发生了一起造成22人受伤的校园惨案。这样的事件在各国都不鲜见。

⚓ 案例触目惊心

学校因为它的脆弱，最易成为人性黑暗面的发泄口。随便看看几例发生在校园的暴力事件，每一件都那样让人触目惊心：

案例一：2004年10月，一场特大校园暴力事件连续3次在河北某校园内上演，百名学生在操场上殴斗，多名学生受伤。

案例二：2005年12月，上海某职业技术学校的新生于某和程某遭到了另一所中学6名女生的殴打。于某除软组织挫伤外，尾骨也发生错位。

案例三：2006年1月，北京某职业学校的几名学生在校门外的推搡中，一名16岁的高一男生被同伴的尖刀刺入后背，不幸身亡。

案例四：2006年8月，央视新闻频道播出"女生遭同学暴力虐打的视频在网上曝光"，视频中，广东某职校的4名女生轮番打了一名女生十几个耳光。小小年纪如此变态，让人不寒而栗。

案例五：2013年1月，一名年轻男子闯入湖南某校，用匕首将一名三年级学生刺伤（几天后抢救无效死亡），该校校长杨建一在阻拦其行凶时不幸以身殉职。

⚓ 从我做起，捻灭恶念

综合整理以下几个方面应当要求自己做到的，供伙伴们参考：

第一，要懂礼貌。暴力多由语言不文明引起，而讲礼貌、学会文明用语对大部分同学们来讲却是最欠缺的。讲礼貌是中华民族的传统美德，也是我们建立良好师生关系、同学关系、朋友关系的基础。它是化解冲突的黏合剂，也是尊重我们自己的需要。"敬人者，人恒敬之"讲的就是这个道理。

第二，要守纪律。任何一起暴力事件的发生，与当事者双方没有纪律、规范意识有很大关系。社会不良青少年多从初中就被开除或辍学，是没有良好的纪律意识和习惯使他们毁了自己。做一名守纪律的学生吧，让规则提醒自己，用自律完善自己，抵御住不良诱惑，坚定地朝着正确的方向前进。

第三，要讲诚信。正直的人自然给人一股不可侵犯的正气。有不良倾向的人内心深处对有正气的人也是钦佩和羡慕的。诚信是做人的根本，要正直就要讲诚信。在一个充满信任的氛围中，一个人的成长是快乐的、健康的。这样，在他心底便不会埋下暴力冲突的种子。

第四，要负责任。由于不学法、不懂法，导致一些学生对于责任问题存在错误认识，认为侵害了低年级的学生无所谓，即使严重一些，自己年龄还小，也不会承担什么责任。实际上，根据我国刑事法律，已满14周岁未满16周岁的未成年人，对于抢劫、故意伤害致人重伤或者死亡、故意杀人等8种严重刑事犯罪也是要承担责任的；而已满16周岁的未成年人，对于所有的刑事犯罪都要承担刑事责任。如果你参与了校园暴力，不仅要赔钱，还可能要承担刑事责任。培养责任心要从身边的每一件事开始。严格按照《中学生守则》和《中学生日常行为规范》去做好你应该做的事，你就是一名负责任的学生。

第五，要会理财。由于不会理财，很多同学是"月光族"，一些同学甚至是"上弦月"，下半月就要靠借债过日子。有的同学刚从家里回来，趁着手里有钱，就海吃海喝，手里的钱很快花完不说，还沾染上不少不良习惯，如吸烟、喝酒、泡网吧、早恋、交损友等，当从家长那里找借口要的钱不够"潇洒"时，便动起了跟其他学生强行索要的念头，结果招致以暴制暴，发生了难以预想的暴力事件。想要避免出现这样的结果，就要管住自己，学会计划好每月支出，不当或不该支出的一定不能支出。这样，渐渐地就可以做到不大手大脚了。

⚓ 学会自保，向暴力说"不"

学生在校园暴力中受伤害的重要原因之一，是不会自我保护。掌握一些基本的自我保护知识是必要的。

第一，要学习一些法律常识，在校园暴力发生之前，让当事人明晓他要承担的法律责任。

第二，要学习一些心理知识，针对当事人的心理变化寻求较好的解决途径。

第三，要学习一些遭遇校园暴力时的处理策略，如及时向父母和老师、学校领导甚至教育行政主管部门汇报。对性质严重的侵害行为，可以向公安机关报案或者向人民法院起诉。

第四，要掌握一些"规避"校园暴力的技巧。以下几种自我保护方式，希望对伙伴们有用：

（1）尽量不要独处。在学校时，尽量和老师、同学在一起，经过楼梯间等地方要提高警惕。有人挑衅时不要理睬，也不要害怕。

（2）不要带太多现金。家境好不是你奢侈的理由，有钱最好请亲属或老师保管，每天身上带的现金不要超过10元钱。

（3）尽量不要发生正面冲突。如遭人暴力威胁，最好避开为妙，并及时告诉老师和家长，及早解决问题。

（4）不走偏僻道路。上下学要结伴而行，不走偏僻小道、胡同。

（5）别人打架的时候不凑热闹。一旦你上去看热闹，就代表了你对这种暴力事件持认可的态度，说明你是一个主动参与暴力事件的人。这样做，好的情况是自己没有当场遭到报复，而事后对方就会找茬对付你；坏的情况是你也被拖入战场，当场负伤。正确的做法是报告老师或拨打110。

（6）不要对别人的困境冷嘲热讽。当别人陷入困境或遭遇挫折时，不要笑话他们，要尽可能真诚地帮助对方。

（7）不要和陌生人说话。陌生的、莫名其妙的人来和你搭讪，要客气地拒绝和远离。因为，不是每个陌生人都是好人。就算是校园中的暴力分子，也不敢在光天化日之下行凶，一定要抓住他们这个弱点来克制他们，摆脱他们。

（8）不要过于软弱。尽可能地在暴力迫近的时候，鼓足勇气，想办法脱身。要机智应对，记得附近有人时大声呼喊，记得跑到最安全的地方。

尘衣主张

前段时间，一些对社会不满的人把气撒向弱势群体，学生一时成了这帮人的出气筒。好在各地学校在党和政府的领导下迅速做出部署，没再让阴霾继续蔓延，并阻止了一些跃跃欲试的仿效者。青少年处在一个特殊成长时期，阅历相对简单，社会经验不够丰富，鉴别是非的能力也较弱，比较容易受到自然灾害、意外事故和社会不良行为的伤害，所以尤其需要强化自我保护意识。学习掌握自护知识，有助于迈好人生的第一步。犯罪分子并不可怕，可怕的是不具备防范犯罪的意识和能力。只有学会了自护，才能在犯罪侵害发生时，保持清醒的头脑，做到临危不惧，运用有效的防卫手段，敢于和善于与罪犯做斗争；学习掌握自护知识，有助于提高分辨是非的能力，学会规范和约束自己的行为。社会是一个复杂的万花筒，既绚丽多彩，又不时滋生一些丑陋肮脏的东西。广大青少年只有自觉地学法、懂法和守法，掌握自护武器，才能更好地认识社会，学会分清是非，识别善恶，远离危险，拒绝诱惑，自觉学法、懂法和守法，成为合格的公民。

☆相关链接☆

［热帖］平常人发表评论：

学校应该建立完善的安保体系和严格的门卫出入登记制度、制定全面的应急预案，定期举行应急演练。学生要遵守学校的一切规章制度，以此增强自己的自救、逃生能力。

［热帖］一杯清水发表评论：

不要每天就知道学习，至少要学会面对危机如何应对的常识。

［热帖］mqlyyd发表评论：

从小要学会接受良好的德育教育。用心感受家庭和社会的和谐，不仇视社会，杜绝各类暴力事件发生。

［热帖］没事的虫子发表评论：

可以试着联合家庭、社区、村镇，建立全民安保系统。若每一个人、每一个公共场所都建立安保系统，那我们就是生活在"金钟罩"下。

［热帖］轻舞人间发表评论：

罪犯把目标选择为学校，恰好证明了一点：学校是多么的孱弱！作为学生的我们，也要学会发出呼声，呼吁国家、政府帮助我们，为校园配备保安等，而不是只知道担惊受怕，无所适从。

［热帖］jclpzj发表评论：

要说安保，北京做得很好，只要是有学生的地方，日夜都会看到配备了警棍和对讲机的派出所干警或联防队员在执勤。上课期间，校门都是封闭的，不可以出入。校门开放的时候，更是有专人执勤。为了让我们和无辜的人受到有效保

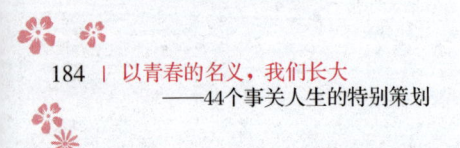

护，可以要求地方派出所或公安局以警力帮助我们。

［热帖］whlove21发表评论：

因2012年5月的校园事件，我们小镇上的小学也雇了保安。保安至少起到了威慑作用，虽说不能杜绝，但至少可以极大地减少伤亡。

（来源：腾讯）

遭遇暴力，如何做？智取，还是硬攻？欢迎交流——记住，我在微信（chenyiacy）、微博（@尘衣）等你。

绰号：你的快乐我的痛

吴克群是不是大舌头我没有考证过，但是他的那首流行歌曲《大舌头》却一度成为少男少女的最爱。也曾听一位确实有点大舌头的男孩把这首歌演绎得无比动人，无比情真意切，征服了比赛现场的评委与观众。大家喜欢这首歌的原因，除了偶像崇拜的意识在起作用，更多的应该是因为这是一首充满温情与自尊的歌曲，它唱出了很多身体有些缺陷的人的心声，从而引起大家的共鸣，唤醒我们心灵深处的同情和关爱。

生活中总有些不顺心的事。由于先天或后天的原因，有的人身体或性格等有了缺陷。这原本是值得我们去同情的，可是我们中的有些人偏偏喜欢恶作剧，甚至可能仅仅是因为别人的长相不尽如人意，或有些不一样的生活习惯，便给人取一个不雅的名字。这种名字就是绰号，也叫外号，它往往能抓住一个人的显著特征。但是很显然，它一般都带有一定程度的侮辱性质，极不受人欢迎。有的人被人取外号后，原本不明显的缺点或缺陷被夸大，容易成为众矢之的；有的人因为被人取了外号而弄得心烦意乱、身心俱疲，人也变得自卑、压抑或狂躁……这对人的生活无疑是有很大影响的，有的人甚至因此而产生自杀的念头，也有的因此走上歧途。可以说，给人取绰号的人无非是图一时之快，殊不知，他们是将自己的快乐建立在别人的痛苦之上，给别人带来的是无尽的麻烦和伤害。试问：看到别人陷入深深的痛苦中时，他们又怎么能快乐得起来呢？难道他们就不曾接受过良知的拷问吗？他们有没有站在对方的角度想想：你的快乐就是我的痛？！

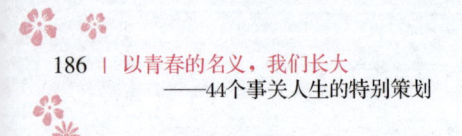

不往他的伤口上撒盐

小欢5岁的时候父母离异了，他成了个在单亲家庭中成长的孩子。从那以后，原本活泼可爱的他变得郁郁寡欢，因为他总觉得每天只面对爸爸，听不见妈妈的欢声笑语，自己的家庭缺了一个角，变得不再完美。他从此不爱与大家说话，上学以后也不肯跟同学和老师交流。因为他沉默寡言，大家逐渐不喜欢不合群的他。有一天，口无遮拦的小槐在他背后嘀咕一声："闷屁虫！"从此，他有了一个绰号，很多同学都这样称呼他。他的心更痛了。为什么，为什么别人总是对我这样？为什么我不能和大家一样快乐？为什么……

他问了很多为什么，但没有一个人来回答他，因为他是对着苍天而问。他苦闷至极，甚至不想再到学校去上课。

但是终于有懂他的人出现了，那就是小廉。小廉是副班长，人很腼腆，但成绩很好，大家都喜欢他。小廉弄清了，是小槐给小欢取了难听的外号，看到小欢沉痛的表情，他心里也很痛。他在班里大声地问小槐："如果你也像小欢一样，得到的爱不完整，你会高兴得起来吗？现在他已经痛苦不堪了，你想的不是去帮他走出心灵的沼泽，反而要往他的伤口上撒盐吗？"面对小廉的责问，小槐很惭愧，他真诚地向小欢道歉。其他同学也大声地叫着小欢的名字，把最响亮的掌声送给他，希望他忘掉过去的一切伤痛，重新生活，快乐地生活。在大家的帮助下，沉默寡言的小欢，终于开心地笑了……

丑陋不是我的错

袁贞长得不好看，客观地说，单看外表，"美女"这个词无论如何都不能用在她的身上。但是她善良、勤劳、乐于助人……有很多很多的优点。当然，她也有缺点，那就是脾气比较急，一急就容易跟人发生争吵。有一次，莫蔚跟她争吵时脱口而出："美女，求求你别再霸道了！"从此，"美女"成了别人奚落袁贞的词语。

袁贞因此恨上了莫蔚，她认为是莫蔚让她变得难堪。以前她心态还好，认为长相是父母给的，她没办法改变。既然是自然的，也就没必要引以为耻。是的，身体发肤，受之父母，谁还能去改变自己的基因不成？心理健康、心灵美好才是最重要的。可是想归想，现在这个外号还是很不雅的，而且讽刺味儿太浓了，听着就窝心。袁贞本来脾气就急，这样一来更是愤恨不已，觉得一切都是莫蔚引起的，越想越对莫蔚恨之入骨。

有一天，莫蔚又这样叫袁贞。袁贞回了一句："丑陋不是我的错！让你叫……"似乎想也没想，一拳就往莫蔚脸上打过去。莫蔚的鼻子顿时鲜血直流。袁贞没想到这样的暴力事件居然发生在她这个女孩身上，当时被吓蒙了，站在那里一动不动。直到周围的同学过来拉她，她才像做了一场噩梦似的缓过神来……

⚓ 有爱就有温暖

如果不是家里贫穷，如果不是父母双亡，他怎么会沦落到5岁就去捡破烂，而且一捡就是整整5年！多亏好心人的帮助，他才在10岁那年，进入小学一年级读书。到他进入中学时，已经满15岁了，比班里其他孩子大了几岁。

刚入学那年，一放学，他还是忍不住去捡些废报纸、饮料瓶之类的拿到废品收购站去。老师在班上表扬了他，说这种勤劳和艰苦朴素的作风值得过惯了饭来张口、衣来伸手的同学学习。可是有一天中午放学的时候，一个男同学看到他在路边垃圾桶里翻来找去的，就嘲笑他，叫他"小叫花"。和那位同学走在一起的几位男同学也跟着拿他开心，不停地这样叫他。

他很伤心，觉得自尊心受到了严重的打击。他想到自己无父无母的，现在好不容易有个上学的机会，他也无比珍惜这个来之不易的机会，可是那些男同学为什么不理解他，要这样嘲笑他？越想越伤心，他蹲在垃圾桶旁哭了起来。

班主任经过这里，把他搂进了怀里。下午，班主任在班里组织了一场"奉献爱心我参加"的活动，号召大家献出一份爱。并且规定：这份爱不能是金钱，那可以是什么呢？希望大家多思考，然后付诸行动……

可想而知，从那以后，会有多少春雨洒落在他缺乏关爱的心田。不是吗？他脸上的笑容早就说明了这一切呀！

⚓ 拒绝，你送我的外号！

因为我的双唇比较前凸，所以有些男同学便给我起了个外号"元谋人"。每当他们这样叫我时，我不愿去与他们争辩，独自忍受着他们鄙夷的目光。但并不表示我不在意，其实心里就像有根针在扎，生疼生疼的。我真的很伤心，也很痛苦。虽然有时我也有些怨爸爸妈妈，怨他们没将我生得十全十美。但我怎能责怪他们呢？一个人的长相是上天赐予的，谁也不能去埋怨。可恶的是那些男同学，深深地打击了我的自信心，我甚至变得仇恨起他们来。如果没有他们给我起的外号，我想我绝不会像现在这样，自卑而满怀仇恨。我考虑过转学，离开这所让我伤心的学校，可一直没有机会。姐姐，我不要，不要他们这样对我！！！

这是广西贵港市某中学一位学生阿桑在来信中哭诉的内容。她的悲伤，她的委屈，甚至她的愤怒，让我产生想拥抱她的感觉。是的，阿桑，先让我来拥抱你一下，温暖你受伤的心。

拥抱过后，你的心情应该平静一点了吧？那么，听我跟你说。

生活中常常会碰上这样的事情，不光是学生碰到，有时候，连老师都会被人取外号。外号又叫绰号，它是有别于我们的名字或小名的，一般不符合本人意愿，不受本人欢迎。记得上初中时，我的班主任因为长得不帅而被一位嘴利的女同学取了个名叫"索师"。在我们当地方言中，"索"是"差劲"的意思。这外号乍一听，很像当地方言里的"锁匙"，即钥匙。有一回下课时，我们交谈，那位同学忽然脱口而出："'索师'真讨厌！"可巧的是，正好老师从我们身边经过，大家因为谈论得热烈，居然没发觉。"什么？'锁匙'还讨厌？既然那么讨厌，那你怎么用它开门呢？"我们听到这突如其来的声音时被吓得不行，都不敢言语，但老师那没头没脑的"误会"，又让我们忍不住哈哈大笑。老师被我们笑得莫名其妙，便追问我们笑什么，是不是他说错了，还是他脸上不干净或者牙上有菜叶。我们听了，越发笑得起劲。最后，还是那位女同学自己憋不住，一边笑，一边向老师认错。

我们都为她捏着一把汗时，老师却哈哈大笑起来，说："哎呀，小事一桩，小事一桩！好嘛，今后我就是你们的'锁匙'，希望能开启你们的心灵之锁！"一个可能因绰号产生的不良影响，就这样被老师幽默地化解了。老师的泰然处之，真是充满了智慧。后来，"锁匙"仍在叫，当面背后都会叫，但已经没有一点"索师"的意思了。

所以，我想告诉你，有时候碰上一件事情，决定这件事情好坏的关键，还是我们的态度和处理技巧。比如你，遇上男同学那样对你，内心无动于衷当然是不可能的。那该怎么办？像你说的那样绝望、自卑？还是愤怒得想找个机会跟他们大吵一架？我觉得，那都不是最好的解决方法。你想，你就因为这个而自卑、绝望或者愤怒，而他们要的就是把你逗哭、逗得无计可施，这样他们才乐意呢。哦，这不正中了他们的"计"吗？那多不痛快！不妨换个角度，也学学我那位老师，跟那些男同学幽默一把。你可以跟他们开玩笑地说："你们大概是不知道'元谋人'的来历还是咋的，如果没有'元谋人'，还有你们在这里说三道四的呀？一点也不尊敬长辈……"如果你幽默地对待他们，相信一般情况下，他们也肯使用一下他们的幽默细胞，和你说笑几句就啥事也没了。

还有一件事情，在你自己不当一回事时，别人自然也就没趣了。所以，除了幽默，沉默也不失为一种好的对待方式。反正碰上他们那样叫你时，你要摆出一副对他们视而不见的高贵、典雅的模样，看他们还有辙没辙！还有一个方法，就是用你的真诚去换取他们的友好。你可以直接而真诚地告诉他们："你们这样做，在你们看来可能觉得好玩，但是对我来说是很大的伤害。这不是把你们的快乐建立在我的痛苦上吗？这不是我想要的，因为与你们和睦相处才是我最大的愿望啊！"一般话说到这个份儿上，相信大家都会感到不好意思的，自然就不会再那样称呼你了。但是，也不排除他们还是要跟你对着干的可能。如果那样，那对不起，只好使出第三招——"以牙还牙"，给其中叫得最凶的那位取个难听的外号，这叫先礼后兵。嘿嘿！——当然，这并非我愿意提倡的方法。因为这个方法属于下下策，只会使闹剧升级，于事无补。所以，不到万不得已时，你就免了这招吧！何况，还有老师在等着，为你解决问题呢！

最后，祝你越来越聪明，越来越开心！

⚓ 尘衣主张

给人取外号，一是源于恶意的嘲笑，二是源于善意的取笑。对待后者，如果不至于伤及尊严的话，可以一笑置之；对待前者，则要视情况和个人的性格而定：有人付诸一笑，有人却寻死觅活。

真情无处不在，感动总在发生。每个人都有幸福和快乐的权利，绰号却会伤害到一个人的心，损害这些他或她应该拥有的权利。如果我们在自己幸福和快乐的时候，能够想一想别人是否也和我们一样幸福与快乐，想一想如果我给别人取了绰号，会对他的心灵产生怎样致命的影响，想一想如果产生了无可挽回的影响，我该怎么办？朋友们，为了让自己心安，让自己和他人真正从内心散发快乐的感觉，那么，请付出我们的真情，为那些正处在情感或生活困境中的人们送去一些温暖与关爱吧……因为，我们没有权利去伤害任何一个人，却有权利去为每个人送上最温暖的笑容，和最温情的祝福！

被人取过外号？不爽吧？有什么妙招破解？欢迎交流——记住，我在微信（chenyiacy）、微博（@尘衣）等你。

赌博终是错

赌博：用斗牌、掷色子等形式，拿财物做注比输赢。——《现代汉语词典》注释，2002年增补本

在我们的成长过程中，常常会感受到来自家庭、学校及社会等各个方面的关爱，正是由于有了这些关爱和我们自身的努力，我们才得以健康快乐地成长。但是不可否认的是，我们偶尔也会面临诸多不利于我们身心健康的不良诱惑，如赌博等有害事物，往往会给我们带来意想不到的伤害，甚至会毁掉我们美好的生活。

赌博是一种不正当的娱乐方式，是一种社会公害。人们参与赌博，往往是由于寻求刺激、不劳而获等思想在作祟。有很多人因为赌博而陷入迷途，很多家庭因为赌博而支离破碎。青少年正处于身体发育的成长阶段，参与赌博会直接影响其生理与心理发育与成长，甚至危害健康和生命。

娱乐？以小恶诱惑你

你用压岁钱或零用钱跟亲朋好友一起玩过扑克牌或麻将吗？你跟同学一起去游戏厅、溜冰场等娱乐场所玩过老虎机或跑马机吗？

故事写真

作为一个备受家人宠爱的男孩，常皓曾经那么自信、开朗。可是上中学后的

一段时间，常皓迷上了一种在社会上很流行的赌博游戏。刚开始，他并没有把这当回事，只是觉得好玩，也只和一些同学在课间偶尔玩一会儿。可是，随着对这种赌博游戏的迷恋越来越深，他慢慢地无心学习了，甚至参与社会上的一些赌博，跟社会上的惯赌分子混在一起。由于赌瘾越来越大，常皓需要的赌资也越来越多。可是作为一个学生，常皓没有经济来源。怎么办？他想到了从家里偷钱。偷了几次，被父母发现了，给了他一顿很严重的责骂，还当贼一样地防着他。从家里偷不到钱了，可是赌瘾撕扯着他的心。于是，他动起了歪念头。有一次，他竟威胁一个比他小的同学拿钱给他还赌债。结果可想而知：学校处分了常皓，责令他在大会上公开检讨，并将情况通知家长。从此，常皓再也不是以前那个自信开朗的孩子了，成天沉默寡言的，非常自卑。

点评：你知道吗？很多看似给我们带来刺激与新奇的娱乐方式，其实就是赌博行为。刚开始的时候，我们往往只是觉得这种娱乐项目十分刺激，并不往深里想。可是一旦在我们的兴趣越来越浓、渐渐地染上赌瘾之后，就会发现，赌博带给我们更多的却是身心上的伤害与摧残。可见，那些看似不严重、披着"娱乐"这件外衣的小规模赌博，都是以小恶来诱惑我们上赌博这条贼船的。

小贴士：拒赌四招

1. 学会调适身心，使心理和生理都处在均衡状态，不要产生寻求刺激和不劳而获的思想；
2. 经常参加有益身心健康的活动，让生活变得越来越充实；
3. 远离赌博环境，不接近赌博现场，不与赌博者相接触；
4. 常接触科学，学会用科学理论武装自己的头脑。

⚓ 陷阱！害人又害己

随着科学技术的不断发展，许多赌博活动打着"现代"的幌子，摇身一变，成为新的赌博形式，譬如地下六合彩、地下足彩和网络赌博游戏等。这些赌博活动在一定程度上，让少数涉世未深的同学陷入赌博的新陷阱，难以自拔。

故事写真

小宇迷上了赌博。最初，他是到网吧玩游戏时，被其中的一些赌博活动所吸引。他抱着试试看的态度参与其中，刚开始赢了一两次。他觉得自己手气真是太好了，便想赢得更多。可是手中的钱太少了，根本不够他大赌一把的。他一急，就回到家里，对父母撒谎，居然从父母那儿骗到了一笔钱。然而，这些钱并没有给他带来好运气，且一下就被他输光了。输了钱的人都想扳本，想把输了的钱再赢回来，最好还多赢一点。正是这样的心态使小宇越陷越深。

接下来，有一位经常关注他的赌友和他套近乎，怂恿他去干坏事。输红了眼的小宇此时已完全失去判断能力，光天化日之下，铤而走险，居然伙同另外几个赌友抢劫一家小店，将老板击昏，抢走2000多元现金。恰在此时，有邻居发现了店里的情况，立即大喊"抓抢劫犯"，跑得慢的小宇被人们抓住，劈头盖脸就是一顿毒打，致使左眼失明。事后，其他几名同伙很快就被公安机关抓获。

❋ 小贴士：温馨揭秘

网络赌博往往极富隐蔽性，一些青少年开始接触网络赌博的时候，都觉得在网上赌博，输赢都是虚拟的，并不会真的影响生活。可是，随着大家对网络赌博的兴趣越来越大，很快就会把大量的时间投入其中。此外，有更多的网络赌博还需要花钱注册才可进行，诱使你投入大量的成本，这是这种网站设立者们的最终目的。这样，大量的金钱也无形中被网络赌博吞噬。

> 网上扑克牌、麻将以及网上投注中奖活动等各种网络赌博游戏，其实是黑心老板们设置的圈套，这些赌博机器全部是动了手脚的。所以，同学们一定要时刻提高警惕，学会分辨，不要误入网上赌博陷阱。

※※※※※

让我们来揭开地下六合彩的骗子面纱。地下六合彩俗称"买码""赌码"或"外围彩"，是一种借用香港六合彩之名进行的变相赌博。地下六合彩是带有欺骗性的，所谓"特码"是通过"搅珠"搅出来的，是不可预测的。然而，很多不法分子编写"码书""码报"（都是地下六合彩的参考资料，统称"码经""彩经"）行骗获利。很多不法分子还通过电话、手机短信、网站，冒充"香港六合彩总公司"贩卖特码。只有那些有着不劳而获思想的人，才会轻易上当受骗。在一些"码害"严重的地区，连一些青少年也卷入其中，不少人因为买码而家破人亡，地方经济也因此几乎陷入瘫痪状态。

❋ 小贴士：活动出招

1. 请调查一下自己的身边（包括家人、亲戚、朋友、同学等）有无赌博行为。

2. 组织一次主题班会，把自己收集的赌博害人害己的典型案例讲给大家听。

3. 在校园附近的一些赌博娱乐场所，贴上关于赌博的危害和劝诫人们远离赌博的标语。

4. 配合学校或班级，组织一次大型"拒赌签名"活动。

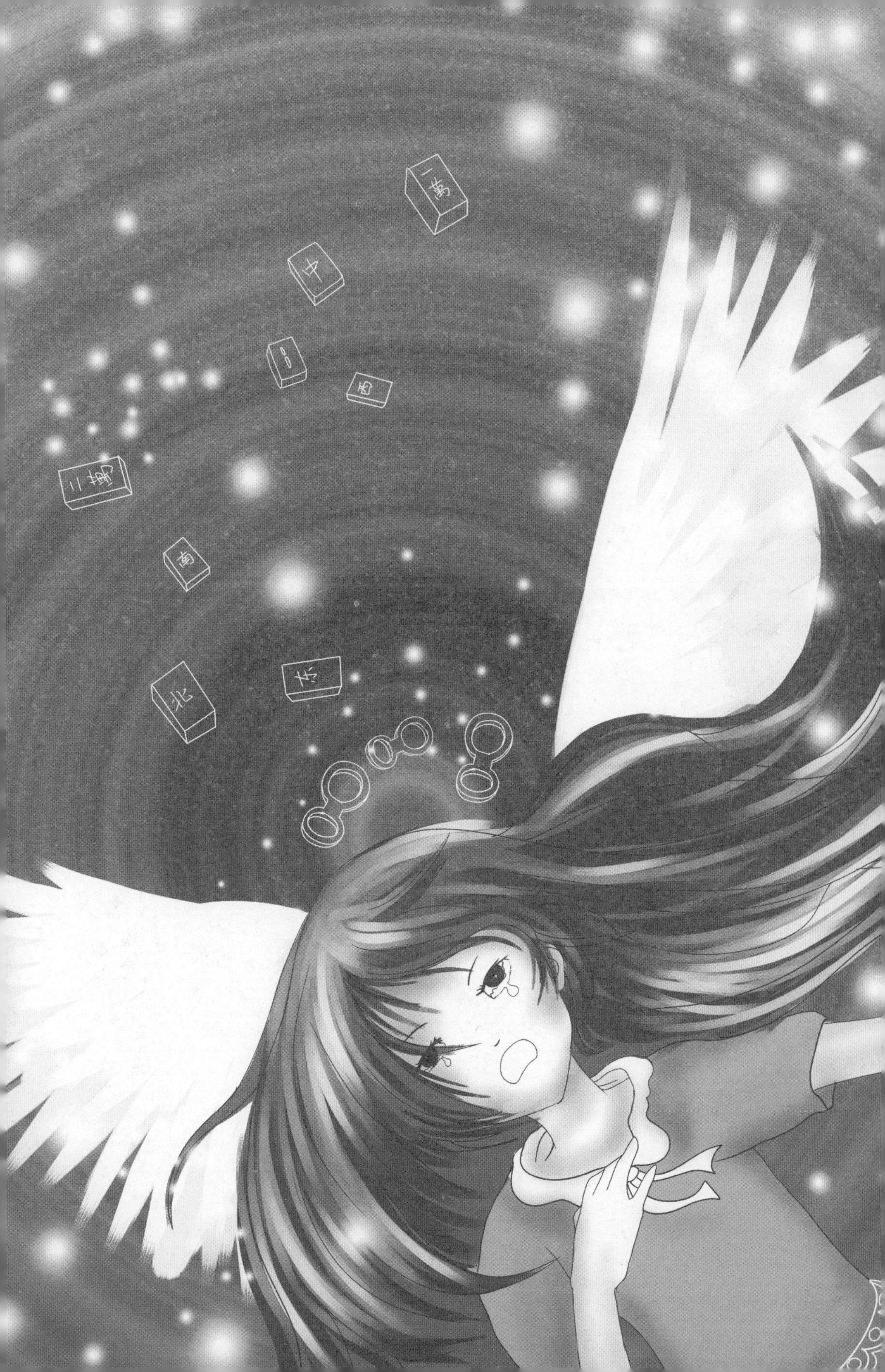
一萬
中
西
南
北
东

⚓ 尘衣主张

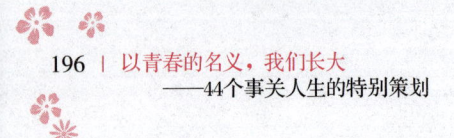

很多同学参与赌博的初衷只是为了获得一时的快感。但是,这种快感注定维持不了多久,灾难便会降临。有的因为迷恋赌博变得见利忘义,最终甚至走上偷、骗、抢等犯罪的道路。由此可见,赌博是现代社会的一种精神"毒瘤",害人又害己。

你对赌博有何见解?欢迎交流——记住,我在微信(chenyiacy)、微博(@尘衣)等你。

第三部分

精神
与追求

精神的翅膀在不停追求的过程中日渐丰盈，一步一步踏实地走过去，蓦然回首，原来我也有资本小小地骄傲一下。

——尘衣

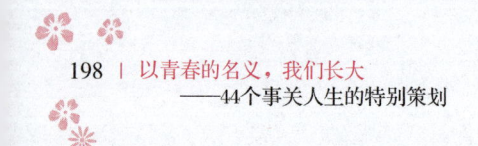

你在我眼中是最美

"你在我眼中是最美，每一个微笑都让我沉醉……"被人们归于"最美"之列的人，何止是微笑动人。

一系列被冠之以"最美"称号的人，虽然很多都是平凡的草根，但有着最美的容颜、最美的生命、最美的品格和最美的爱——因为，他们以善良、无私和博大等我们内心所渴望的正能量带给人们感动和力量。他们用自己灵魂深处的那盏灯，点亮一个又一个绝美的瞬间，成为人们心中最璀璨的一颗明星。

世界无限美好——美好的故事、美好的精神、美好的向往。让美好一直延伸下去。

喏，生活中，美，层出不穷。没有最美，只有更美。

⚓ 最美教师

2012年5月8日，黑龙江省佳木斯市第十九中学语文教师张丽莉站在车旁正在疏导学生。突然，原本停在路旁的客车像被施了魔法般，猛地向学生们冲过来。在这千钧一发之际，原本有时间躲开的张老师没有和大家一样奔逃，而是身子向前一扑，将车前一名吓傻了的学生用力推到一边。随即，无情的车轮碾过她的双腿……

张老师呵护学生胜过自己，这不是她第一次救学生了。2009年冬天，张老师班里有一名学生生病了，她领着几名班干部去看望。过马路时，一辆自行车因为坡太滑，摇摇晃晃地朝学生小闫撞了过来。眼看就要撞上了，张老师猛地一把将小闫揽在怀里。小闫没什么事。张老师却被自行车撞了个正着,狠狠地摔在了地上。

"张老师在生命垂危的时候,还惦记着她的学生。"哈尔滨医科大学附属第一医院ICU主任赵医生说,"昏迷多天后,她醒来的第一句话是:那几个孩子没事吧?"

高位截肢后,张老师不仅很快接受了事实,还反过来安慰犯愁的父亲:"当时车祸的场景我还记得,很幸运。如果车轮从我的头上碾过去,你就看不到我了。我救了学生,也保住了命,今后一定会幸福的。"

有人问张老师:"你后悔吗?"她回答:"不后悔。这样做是我的本能。我已经30岁了,我已和父母度过30年的快乐时光。那些孩子还小,他们的快乐人生刚刚开始。"

"她的高尚师德、大爱情怀让人敬佩,并将永远激励着我。"一位教师这样说。

@背影笑了:云南彝良地震发生后用双手刨出7名被埋学生的朱银全老师,和张丽莉老师一样,都是我心中最美的老师。他向我们再度诠释了人民教师的人生价值与职业精神。那双粗糙的大手,和张老师的腿一样,也成了令人油然而生敬意的标志性符号。

⚓ 最美妈妈

2012年9月,云南彝良,母女俩正在吃饭,地震袭来。在面临死亡的最后一刻,母亲用身体护住了女儿。无情的地震夺走了母女俩的生命。当消防官兵把她们从废墟中刨出来时,她们僵硬的身体依旧保持着紧紧相拥的姿势,母亲连手中的筷子都没来得及丢掉……如此场景,让人潸然泪下。

@杨柳岸:社会上有些抛弃孩子的女人,简直枉为人母。护犊之情,是母爱值得我们歌颂的最伟大之处。这位母亲,您配得上"母亲"二字,更配得上"最美妈妈"这代表人们敬意的4个字!

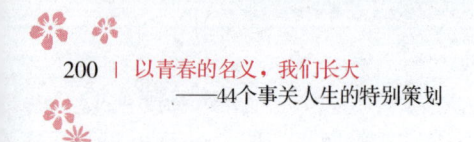

⚓ 最美儿媳

为了挽救患有肝癌的公公，河北行唐县的张建霞说服公公婆婆，毅然捐出自己69%的肝脏。张建霞捐肝救公公之举，在当地广为传颂。大爱无疆，大孝参天，"百善孝为先"的古训又现高标。

@凌峰：公婆与儿媳，自古就似乎是冤家对头的关系，不是说"婆媳一本经"嘛，说的就是这个意思。但张建霞为了念好这本超级难念的经，竟然为此献出了一部分器官。她，做出了常人难以做到的，这更让我肃然起敬。

⚓ 最美女孩

她只是湖南科技大学一名普通的大三女生，却被网友誉为"向日葵女孩"。她叫何平，爸爸丧失劳动力，妈妈智力残疾，一个弟弟患心脏病。她带着弟弟一起上大学。为了维持生活，这个坚强的女孩不得不在外面兼职。最多的时候，她做着7份工作。这，简直让人无法想象。

"今天中午需要休息一下，否则下午上课连眼睛也睁不开。"这个20岁的姑娘，眼睛红红的。外国语学院聂老师还记得班上曾有一个站着听课的学生，她就是何平。"我怕坐下去就睡着了。"

大三这个学期，课程多了很多，何平便不能再像上学期那样打7份工了，将兼职压缩到了5份，时间还是安排得很赶。何平每月得给家里寄五六百元，给父亲治病。

不过这个喜欢向日葵的女孩说："太阳越大，开得就越灿烂。现在虽然辛苦，但是我要像向日葵一样迎着太阳生活！"

"向日葵"女孩赢得了很多人的关心和关注，她在QQ空间里公布了每一笔资助，并婉拒更多人的帮助，她的QQ签名是：路——走好脚下的，不忘来时的，看准前方的。

@看朱成碧：最多的时候打7份工，且还是一个有着繁重课业的在校大学生——咂舌的绝对不只我一个！吃苦耐劳，乖巧懂事……我们听了多少呀，"向日葵女孩",为我们做出了最贴切的解释。

⚓ 最美"富二代"

路人、救人、保时捷、"富二代"……这几个关键词摞在一起,你会想到什么?

在多起"富二代"驾豪车撞人逃逸事件曝光后,"富二代"这个词给我们的印象是很坏很嚣张。但是最近,发生在广州闹市区的保时捷少女救人事件,让我们感觉社会道德风尚的再次回归。

一名中年妇女突然晕倒在马路边。很多路人都看见了,有的赶紧报警,有的直接视而不见,并没有人上前帮忙。这时,从一辆路过的保时捷跑车上,下来一位十三四岁的少女。少女跟司机走到昏迷妇女身边,合力将她抱到了车上。司机将晕倒妇女送往医院救治,少女自己却打车离开了。"保时捷少女"的善举,很多路人看在眼里,纷纷赞叹她的单纯、善良。网友也称这名少女为"最美少女"。

事后,少女接受了记者的采访。她说:"遇到这种情况,我不会管那么多,救人是最重要的。这个社会需要温暖与帮助。如果人人都变得冷漠,那么人与人之间的距离就远了。"

@小煎饼:"小悦悦事件"发生后,让人看到了18名冷漠的路人,但是,这次有并不冷漠的小女孩出现。谁说物质财富的"富二代",就不能是精神财富的"富二代"?

⚓ 最美主播

汶川地震时,女主播宁远播报灾区各地死亡数据时,哽咽落泪,获网友力挺,被称"中国最美女主播"。提起那场灾难,在地震时被孩子的笑脸和眼神打动的宁远语带疲惫,再次泣不成声。2009年,宁远获得中国播音主持人最高奖"金话筒奖"。

@帅不由我说了算:我只想说一句——那些整天为了出名挖空心思的娱乐界人士,跟这位主播相比,你们应该汗颜!

⚓ 最美中国人

2012年9月12日,网上流传着一首原创歌曲《最美中国人》,这首歌将最美司机、最美妈妈、最美老师都收入歌词，唱出了中国草根英雄的大爱精神，让人再一次体会英雄的感人事迹。建议大家去搜索一下，感受歌声传递的正能量。

种田拾荒的山村女老师为学生办免费午餐，虽然清贫，却无私付出；田晶晶老师放弃编制考试给陌生人捐骨髓，把他人的生命看得比自己的人生还重要；为街头老农剪指甲的女警察，举动虽小，却撼人心魄；救起落水儿童却没救起自己的儿子的农民，有德有义，担当得起"最美农民"几个字；尘衣的丈夫，两次为素不相识的白血病患者捐助造血干细胞，大爱暖人心……

有人质疑，用"最美"来赞美他们，属于道德浮夸，这话大错特错。因为，他们的所作所为，就是我们观点最好的例证。质疑者试想一下，像为救乘客牺牲生命的"最美司机"吴斌，和为救卧轨者自己却被轧断双腿的铁警李博亚那样的壮举，你有这样的勇气吗？这样说话，只能让我们大家鄙视你——因为，你心中充斥的只有黑暗和风凉！

⚓ 尘衣主张

大爱在人间。我只是撷取了茫茫人海中的几朵小小浪花。他们都是普通人，却以放大了千百倍的无私大爱，触动着同样善良的我们的心之弦。在我们的内心深处，善良与爱都是相通的。一切正能量，都是我们心灵之途最管用的通行证。

因为有爱，请相信，我们不是陌生人。

悄悄地告诉我

身边有以大爱暖人心的朋友吗？对你有怎样的影响？欢迎交流——记住，我在微信（chenyiacy）、微博（@尘衣）等你。

关爱，与自爱一路同行

2004年12月26日，印度尼西亚苏门答腊岛以北海域发生里氏8.0至9.0级地震，并引发海啸，波及东南亚和南亚数个国家，大约有15万多人在海啸中丧生或失踪。灾情发生后，包括中国在内的世界各国都伸出关爱之手，与自爱的灾区人民一道，共同面对这突如其来的变故。这充分说明，灾难没有远近之分，爱心无国界！

《自爱的艺术》和"根与芽项目"

德国慕尼黑的尼娜·拉里什·海德尔幼年时备受冷落，很少得到他人的关爱。如今身为诊所大夫和心理医生的她，之所以能从童年的艰难岁月里解救出来，是因为她总是坦诚地善待自己。

她在《自爱的艺术》一书中告诉我们，真正的自爱就是向自己敞开胸怀，直面自己，与自己进行沟通；就是做自己生活以及所经历、所领悟和所发现的事物的主人，并对其承担责任；自爱还是一个人得以生存和发展下去的唯一力量。首先你得尊重自己，才能收获别人的尊重。

她还说，如果某人狂妄自大，认为这个世界只有他一个人，那便是自私自利，绝不是真正的自爱，"如果一个人真正懂得爱自己的话，他就会去爱别人"。这，与面向全球青少年的"根与芽项目"的目标——提倡关爱是一致的。

"根与芽"是珍·古道尔博士倡导的关于环境与人道主义教育的项目。该项目倡导人们提高环境保护意识，希望建立人类与环境的良好互动关系，促进青少年对不同文化、种族、宗教和国家之间的交融和理解，帮助人们培养自尊、自信和自爱的优良品质，并使他们对未来充满希望。它的第一个小组于1991年在东非坦桑尼亚的首都多多马成立。目前，在世界69个国家中活跃着4000多个"根与芽"小组。2000年9月，北京京西学校成立了"根与芽"环境教育办公室。迄今为止，中国已经有100多个"根与芽"小组广泛地活跃于大学、中学和小学当中。

"悦"评：《自爱的艺术》和"根与芽项目"，前者主要提倡自爱，后者提倡自爱以外的关爱。二者有一点是相通的，那就是自爱与关爱缺一不可，我们要从自我做起，尽可能给周围的环境带来积极的改变。

⚓ 生命中的"可可西里"

在布吉的视野里，可可西里就是生命。来听听他讲的感人故事：

生活在可可西里的国家一级保护动物藏羚羊解放前有近20万头，目前只剩下1万头左右。它们的皮毛十分名贵，因此被许多盗猎者疯狂猎杀。为了保护和挽救濒临人为灭绝的藏羚羊，我们这里的一些有良知的藏民自发成立了藏羚羊保护小组。我的爸爸和旺吉叔叔也加入了这一行列。

正义总是与邪恶不期而遇。有一天深夜，天降大雪，爸爸被旺吉叔叔叫醒，说发现盗猎者正在猎杀一群藏羚羊，保护小组的成员必须尽快去制止他们的猎杀。爸爸二话没说，就穿好衣服与旺吉叔叔上路了。我想象着他们在呼啸的北风里深一脚浅一脚地穿行的模样，想象着他们与盗猎者严阵以待的场面，想象着被利益冲昏了头脑的盗猎者会不会对前往阻止他们的保护者残忍下手……一刻也不曾合眼，直到爸爸平安回来。

可是旺吉叔叔再也没有归来。爸爸说，在与盗猎者的较量中，旺吉叔叔自告奋勇对盗猎者进行喊话，劝他们进行正当劳动，不要捕杀藏羚羊。可是，旺吉叔叔话还没说完，一名盗猎者就朝着他疯狂地扣动了猎枪扳机。在倒下的那一刻，旺吉叔叔仍然没停止他的喊话，他的右手一直伸向前方……

现在，越来越多的人关注并加入保护藏羚羊的行列。这只是保护自然生态环境的一个小小的方面，我们的大家庭——地球，还有更多的地方需要我们去关爱与呵护，我们没有理由对我们自己的生存环境置之不理，不屑一顾。我爱可可西里，它是我心中永远的关于环境保护的缩影。

爱他等于爱自己

倾听烨子的讲述，分享她的感受：

我参加学校的慈善志愿者大队已经整整一年了。一年来，我和我的队友们用

关爱来感受世界的美好，用慈善获得心灵的慰藉，用付出来体验人性的升华，用扶助来品味人间的温馨，我们感到非常快乐。说起来，我参加这项活动还有一段小故事呢。

那是一年前，我正在跟同学做游戏时，忽然眼前一黑，顿时失去知觉。班主任得知情况后，赶紧和同学们一起将我送到医院。她一边为我垫付住院费，办理入院手续，一边跟爸爸妈妈取得联系，告诉他们发生这一意外情况的经过。爸爸妈妈都在离学校万米之外的矿上工作，我一周或半个月才回一次家，难得与他们相见。得知消息后，他们不得不从一线工作岗位上撤退下来，赶往医院。

幸运的是，等爸爸妈妈赶到时，我已经醒了过来。医生说，因为我正处在旺盛的生长发育时期，平时摄取的营养跟不上，造成血糖偏低，于是出现了眼前发黑的现象。这种情况，只要注意加强营养补给，不会有什么危险。

我回到学校时，宿舍里堆满了各种营养品，一盒礼品装的补血药特别引人注目，它是班主任给我买的。那一刻，我的双眼噙满泪水，一种无以言说的感动弥漫心房。

第二天，我决定加入学校的慈善志愿者大队。填报表时，我在"参加理由"一栏工工整整地写上：爱他等于爱自己！

"悦"评：我们渴望自己被关爱，希望受到应有的尊重。但更多的时候，我们不妨进行角色换位——去关爱别人，关爱已经和正在受到贫困、疾病和自然灾害折磨的人们，关爱环境，关爱植物，关爱动物……关爱一切与我们息息相关的事物。同时，保持最朴素的良心，懂得感恩，感谢那些曾经和正在给予我们关爱的人们。在他们有所需要时，我们应该毫不吝啬自己的关爱之手。只有这样，我们才会更快乐，我们的胸怀才会越来越宽广。

尘衣主张

我们需要你

生活中，我们或许会遇上太多的"非爱"。拥有爱心是对付"非爱"最好的办法，因为只有自爱才会懂得爱别人，只有关爱别人才会获得别人的关爱与尊重。"像爱自己一样爱周围的人。"（耶稣基督语）中国儒家文化的核心之一"仁爱"（即"仁者爱人"），期望我们亲切友善，关爱他人。"仁爱"为中华民族的传统美德之一。

从给予中获得快乐，从奉献中升华自己的人生价值。不管何时何地，我们付出的次数越多，就会变得更加自爱，因为只有珍爱自己，才有理由和资格去关爱别人；也会变得更加自强，因为只有不断自强，才会产生更大的力量去扶助弱小。雷锋精神之所以永放光芒，就是因为它包含了无穷的关爱思想。一个懂得自爱的人，一个具有爱心的人，他的日常行为定然会对周围的环境产生有益的影响，他的人生意义会变得越来越重要，人们会对他形成一种期待，对他怀想最多的一定是——我们需要你。

小调查：自爱和关爱

1. 自爱和关爱，你平时在哪一方面做得更好，哪一方面还需要改进？

2. 假如有一次，你与同学同时掉下悬崖，你只受一点点轻伤，落在离地面1米高的树杈上，自己可以爬上来；而同学却在离地面10米处，生死未卜。救援人员就在头顶，你希望他们怎么做？

3. 蛇、蜈蚣与青蛙互为天敌，但它们能同处一洞，安然无恙。请结合这一情况，说说你对"自爱和关爱"的理解（500字内）。

关爱与自爱在你眼中是怎样的关系？欢迎交流——记住，我在微信（chenyiacy）、微博（@尘衣）等你。

让网络阳光起来

互联网又称因特网（Internet）。这一诞生于20世纪的新生事物，自1969年投入使用以来，其应用已经渗透到了各个领域，发挥了巨大作用。然而与此同时，网上有害信息等一系列"副产品"，又像一只张开血盆大口的猛虎，正在吞噬着人们的灵魂。2003年博客中国网站公布的一组数据表明，18岁以下年龄段的上网人数占所有上网人数的17.6%。至2015年，这组数据至少上升一倍。也就是说，泛滥成灾的各种网络有害信息已经成为危害我们青春的毒瘤。那么，一旦被它缠上，我们该如何应对？

⚓ 网络，让我欢喜让我忧

湖南湘潭市"问题男孩"（电子邮件，忧愁指数★★★★）：姐姐，我总是忍不住"网瘾"发作，《传奇》等游戏太多也太好玩了，只要开始玩了第一集，就忍不住想玩第二集、第三集……这让人哪还有心思学习呀！

重庆市"隐蔽女孩"（电话，惊恐指数★★★★★）：姐姐，我没脸见人了！我与一位QQ里认识的网友见面时，被他害了，可是现在，我却连他的真实姓名也不知道！我才13岁啊！

陕西旬邑孟海丹（信函，清醒指数★★★★★）：网络，我想对你说，凭我的慧眼，我看出你是双子座的，因为你有着双重性格！第一种性格，正派型。一封"伊妹儿"（电子邮件）赛过从古至今的烽火狼烟、快马或者邮递员，你的速度真让人叹为观止！还有，你的资料浩如烟海，只要鼠标一点，就让我们受益无穷。所以，从你的正面形象来看，我会像爱白雪公主一样爱你！第二种性格，反派型。你的信息量特别大，但是"林子大了，什么鸟都有"，你的黄色信息与图片也铺天盖地，你层出不穷的聊天工具让我们欲罢不能，网友之间串通诈骗与网恋等事件也应运而生。至于那些需要投入大量时间与精力的各种电脑游戏，更是毒害我们的"精神鸦片"，让我们乐此不疲地放弃学习来"追求"它们。这样看来，你不是陷害我们的"白骨精"又是什么？我恨你，真想变成孙悟空，一棒打死你！

黑网吧，认钱不认人

浙江省湖州市的钱刚同学14岁时开始接触网络，不能自拔，一玩就是整整5年！他的父亲钱夙伟痛心疾首地控诉："我与网吧抢了5年的儿子！"

有位老师心疼地说："现在整个社会环境对中小学生的成长诱惑太大了。我们老师辛苦管理教育学生5天，一到了双休日，学生就如一群挣脱了缰绳的小牛犊，几乎家家网吧爆满。我们所有的努力付诸东流！看，5<2！"

一位网吧老板爆内幕，说："孩子的钱最好赚。我们一般是先教会孩子玩游戏。他们很快就会上瘾，舍得花钱来上网。"而且，网吧还会提供食品和饮料等"便利服务"，孩子们即使玩上几天几夜也行。

《中学生日常行为规范》和国务院颁布的《互联网上网服务营业场所管理条例》都有规定，中学生不得进入营业性电子游戏厅，互联网上网服务营业场所禁止接纳未成年人进入；腾讯QQ《青少年上网安全指引》第三条也写着"未满18岁青少年应在监护人指导和监督下上网"。为什么违规事例仍然不胜枚举？可见，这些事件发生的原因，一方面是我们学生本身不能明辨是非，无法抵制不良诱惑；另一方面，那些有害信息的制造与传播者和违规网吧经营者，那些管理不到位的相关社会职能部门，也有不可推卸的责任！

同时，家长在这方面要发挥更大的作用。湖南长沙市"优秀家长"梁晓进说："我儿子梁鹏喜欢玩电子游戏，我有空就陪他玩，也一起谈论电子游戏的攻关技巧，甚至还一起到电游室与他对垒。从此，他对电脑的兴趣更多地转化到知识的查找与正当的玩耍上来，我们之间的关系也更亲密了。"可见，及时疏导比硬性禁止更为有效。

⚓ 尘衣主张

我比网络更聪明

网络是为人们服务的，人不能成为网络的奴隶。要相信，人比网络更聪明。

网络面前，取其精华，去其糟粕，不必谈"网"色变。网络在各个领域的应用，如学术研究、学校教育、信息检索甚至在线居家购物等，其作用不可小觑，可以说，要将网络从我们的生活中一笔勾销，是绝对不可能的。那么作为学生，最好在家庭、学校或图书馆的专用网络这些相对而言比较纯净的地方上网；在与网络接触时，要学会明辨是非，提高对不良信息的识别与抵抗能力；也不用与家长老师东躲西藏，可以大大方方地在他们的指导下上网，这样更能促进与他们的交流，与他们的关系会变得更融洽。

遭遇网络有害信息与黑色网吧时，要学会自我救赎。除了需要学校、家长与社会各界的帮助与关心，我们自己更要采取积极主动的方式，拒绝、远离这些侵蚀我们的青春毒瘤。已经沉迷其中的同学，不妨尝试一次，管住自己的脚步不朝网吧走。管好了第一次，就会管好第二次、第三次……因为人是具有自我控制能力的，只要尝试自我教育，认识到迷恋网络有害信息的危害性，学会正视自我，进行自我救赎，最终，我们便能战胜网络有害信息，从而战胜自我！只有这样，网络才不会与我们水火不容、格格不入，才会在我们心中变得阳光起来，从而在我们的正确利用下发挥更大的作用！

☆相关链接：心理测试☆

网络面前，你有几分自我控制力？

1. 你希望家或学校附近的网吧：

a.很少　b.一般　c.比较多　d.密密麻麻

2. 一般经过网吧门口时，你会：

a.一走了之　b.进去瞧一瞧　c.立刻上机，玩光身上的钱　d.借钱也要玩

3. 如果有机会上网，你最想：

a.查找学习资料　b.与网友聊天　c.玩《传奇》　d.看黄色信息

4. 你被父母或老师从网吧里找回过吗？

a.从来没有　b.偶尔　c.每周一两次　d.经常

5. 如果有网友约你见面，你会：

a.请示父母同意　b.找借口推托　c.去，但不露面　d.满口应允

说明：在以上各题的答案中，选择一个最适合你的答案。选a得4分，选b得3分，选c得2分，选d得1分。

分析：得分为

18~20分：你有很强的自我控制能力，能够抵御很多不良诱惑。

13~17分：一般的时候，你能够控制自己，但这种控制力并不稳定，要注意加强自我控制力的培养。

9~12分：你的自我控制力较差，很容易被诱惑蒙蔽。要特别加强自我控制力的培养，必要时请老师、家长或同学监督，对你会有好处。

8分或以下：有可能只有采取强制措施才对你有作用。不过，你只要能够与老师或家长好好配合，认识到不良诱惑的危害性，努力学会摆脱它们的纠缠，相信你仍然能够力争向上，创造美好的未来。

受过网络之害？因迷恋网络而把父母担心坏了？走出来了吗？欢迎交流——记住，我在微信（chenyiacy）、微博（@尘衣）等你。

分数，你不是我的唯一！

蜻蜓的"出生地"在哪儿？

苍蝇的幼虫是什么？

——这样的问题，你能回答吗？

此刻，我面对的54张脸，表情竟然如此惊人相似——全都瞠目结舌！令人难以置信的是，他们和你一样，是一群正处于好奇心最强的年龄的初中生，而且是生活在广阔自然天地里的农村学生！为什么有着得天独厚的观察条件的他们，却对这些简单的问题视而不见，是谁把他们的好奇心阻挡在他们心灵的窗外？

⚓ 罗玮奇的立场：以分数排座位，我拒绝

表妹比我小2岁，非常可爱，只要跟她在一起，就会不断地听到她银铃般的笑声。有一次，她来我家时，往常的笑容却没有了，一副愁眉苦脸的样子。在我的再三追问下，她哭着说，因为她的段考成绩考得不好，班主任调座位时，将她调到了倒数第二排。坐在她后面的是全班倒数第一名的芳芳。她说，她的视力不好，加上个儿矮，坐在现在的位置，根本看不见黑板上的字。看着表妹可怜兮兮的样子，我的心很疼。老师这不是打击偶尔考得差的学生再次努力的积极性吗？爱因斯坦等很多卓有成就的名人，小时候不也是差生吗？谁说差生不能成大事，谁说考得差就非要将他们一棍子打死？我越想越觉得这是一件多么可笑的事。

正在为表妹愤愤不平呢，不想我自己却摊上了这样的事情。就在昨天，我的班主任宣布，今后班里将按"综合素质得分"高低定座位。谁的综合素质高，谁

就有资格坐好位置。至于制订这一规定的理由，我们老师似乎比表妹的老师更胜一筹，班主任美其名曰：鼓励学生在学习、生活、品德等各个方面力争上游。

我的综合素质得分是班里第二名，"理所当然"地被老师安排坐在第一排。然而，我心里真不舒服。或许对我们得分相对而言较高的同学来说，这是一种鼓励和保护，让我们有更纯粹的条件来搞好学习。可是对中下等成绩的同学来说，却是一种舍弃和放任，会使他们感觉像无家可归的孩子一样，有一种被弃之不顾的感觉，从而产生自卑感和逆反心理。有些原本具有较强可塑性的同学被不可选择地打上了"差生"烙印，在被老师和优秀学生遗忘的角落里，变得自暴自弃；还有些意志力不够坚强的同学，会因此而变得随波逐流，不负责任起来，同学间打架斗殴的现象比以往更多……我又一次想起表妹眼泪汪汪的模样。以分数排座位，除了加剧学生之间的矛盾，扼杀大多数同学天生的求知欲，好处在哪里呢？

"你误会了老师的意思，"在老师办公室，听我说要将座位主动往后调并叙述原因之后，老师的语调比我的激动要平静很多，"有些情况是你想象不到的。比如为了一个好座位，有的家长会不惜采取送礼等方式来向老师说情，这样，把老师置于一种尴尬的境地。老师干脆以分数来排座位，是想让那些说情的人心服口服，不再为难老师。"老师，你要体现公平，可是这样的"公平"，以分数高低作为标准真是太牵强啊！难道您要以新的矛盾来取代原有的矛盾吗？这样，公平何在？

我对老师说，身高、视力和听力才是划定座位的真正条件。只有照顾我们每个同学都能看得清黑板，听得清讲课，才能让我们感到公平。如果老师适当"利用"一下我们成绩比较好的同学，跟一些考试失利但有上进心的同学同座，互相监督，共同促进，就更好了。这样，我们就会安心地学习。我们安心，家长才会放心，老师也更能集中精力静心教学，而不必为其他因素分心。这样，才真正有利于我们的成长。

⚓ 舒友提问：这些根本不考？

我接触的很多中学生，宁可一连数小时地沉迷在荧屏上"格格""本宫"和

"猪八戒"们庸俗浅薄的"搞笑"中，也不肯花上几分钟去观看田野上空那道难得一现的彩虹；宁可去抄写《作文宝典》里千篇一律的"优美词句"，也不愿对身边丰富多彩的生活稍加青睐……这早已不再是个别现象。他们，何以对与我们密切相关的大自然如此冷漠？

"有啥用？这些根本不考！"这是在一堂生物课上，学生直言不讳地回答老师的责备。当时，正值春夏之交，在落叶满地的河滩上，老师向大家提了一个问题：我们这儿，什么树在春夏之交才换叶？那班学生抓耳挠腮，努力去想笔记本上是否能找到现成答案，却没一个人抬头看看身边的大樟树。

一位物理考得不错的中学生在乡邻遭受雷击毙命后，居然跟旁人一起，用锯木屑把死者盖起来——因为他也相信乡间传说，相信木屑能"将人体内的电吸出"而令死者复生。为什么好学生到了实际生活中，会交出如此荒谬的"答卷"？

有一所年年考分名列前茅的学校，从没开过美术、音乐等课，大捆大捆的相关教材堆在教师办公室的角落，根本未曾解封。"既然不考，干吗要拿这种东西来弄野了娃儿的心呢？"家长对学校的做法也表示赞同。

⚓ 尘衣主张

多少年来，教育家们一再教导我们：要尽量拓展孩子们热爱大自然的天性，因为贴近大自然，是走向科学之路的起点；而观赏自然美，更是认识美的第一课……可是，正是因为这个"不考"，让我们疏忽了多少足以激发求知欲和创造灵感的美好事物啊！很多自然科学上的探索（譬如牛顿万有引力的发明），一部文学巨著的诞生（譬如《瓦尔登湖》），也不在考试的范畴，但它们带给我们的震撼更大，给我们的启示更深刻。所以，作为学生，不管你是公认的优秀生，还是别人眼中水平一般的学生，都要学会在紧张的学习之余，走入自然，走入社会，学会思考。因为，考卷之外还有更多快乐值得我们去寻找。

启示之一：兴趣靠培养，取舍是关键。在科学技术日益发达的今天，电视、网络、报刊等传媒对我们的影响更迅捷，武打、言情剧之类的电视节目与读物也属"不考"的范围，又为何没被我们"清除出局"，而那些科普、社会类的文化食品却少有人问津？这就是兴趣的取向问题。如果传媒自身不一味迎合，而是寓教于乐，同时，我们自己更要学会去有针对性地取与舍，这样，就会在潜移默化中，人格得到扶持，思想得到升华，心灵得到洗涤。

启示之二：活学活用，自然是最好的课堂。我们所有在课堂上所学的知识，都是为我们的实际生活服务的。所以，我们要多思索，多动手，认真学习课堂上老师教给我们的知识，在所学知识进入我们的大脑后，要多"反刍"，将其化为己用，应用到实际生活中去，使自己思路更清晰，视野更宽阔，实际操作能力更强。

启示之三：分数，绝不是我们的"唯一"。我们所学科目，有些因升学、评优等没有被纳入考试范畴。但是，世界绝不是单一的，而是多元化的。我们今后走入社会，面临的绝不仅仅是考几个书本上的题目这么简单。所以在学生时代，我们就要注重培养自己的综合素质，积极参与各项活动，从各个方面使自己的实际工作能力得到锻炼。这样，我们踏踏实实地提前做好了准备，等我们踏入社会时，社会就会面带微笑，毫不吝啬地向我们敞开大门！

被分数牵着鼻子走过吗？欢迎交流——记住，我在微信（chenyiacy）、微博（@尘衣）等你。

出去走走：好风景，别错过

趴在井底，看得到天空却看不到大海；蜗居一隅，只见狭小而难寻博大。可能你身边风景如画，于是有人远道而来，只为一睹你司空见惯甚至熟视无睹的美景。你是否也如人家一般，向往千里之外的绝美景致，也愿不辞劳苦，踏歌而行？是的，好风景不只在近处。去更远的地方走走，你的胸怀会更宽广、心灵会更澄澈，你的思想会离崇高更近，你的世界会越来越精彩……

去远方

我一点也不奇怪，为什么我不选择坐在电脑前看风景图片，也不选择去博物馆的民俗风情展细细品味别样的民俗，更不选择在网上商城购买具有民族特色的精致工艺品……因为我知道，在我的内心深处，有一颗向往远方的种子在萌芽。这颗种子，它告诉我，一个人，应该去亲身感受远方的风物，不应该仅仅待在家里裹足不前。

每个人都希望有个可以寄托心灵的地方，就像我们执着地向往爱一样。寻觅那个让心灵栖居的地方，也许需要天长地久。但是，这阻挡不了一些人一直不停歇地找寻的脚步。

我喜欢听火车轧着铁轨飞奔的声音，它标志着我即将离开熟悉的生活，去找寻久违的心灵的宁静。在这样的过程中，快乐得以重新拾取，生命得以不断充实。在地球的各个角落，只要有我行走的身影，就会有我对世界各地风土人情的记录。这，是我生活中不可或缺的一部分。

如果身处热带，我能欣赏到寒带的皑皑白雪吗？如果身处寒带，我能感受到热带炽烈的阳光吗？就像不能在同一个地方既沐浴海滩的阳光，又涉足温暖舒适的草甸；既触摸神秘的原始森林，又看峰势峥嵘的大山一样。待在一个地方，我们怎么能揭开异国他乡变幻莫测的面纱，欣赏到一个个实实在在却又美如童话的世界？

也许不是每个人行走的动机都和我一样，但是我相信，所有人在行走的过程中体味到的快乐一定是相同的。有什么事物可以替代行走中获得的快乐？去远方，才有如此不同的感受。踏上远方陌生的土地，环境的改变可以让人变得成熟而睿智。同样，也可以使自己的感情变得更丰富、阅历变得更深厚、心情也变得更灿烂。

在路上

我喜欢阅读一些外国名著，《百年孤独》《飘》等是我早就烂熟于心的。我对着地图去找寻那些书上描绘过的地方。似乎再容易不过，随便用笔一画，我就到了拉美阿根廷的某一小镇，或亚特兰大的某个农场。再用心一点，会想象着，埃菲尔铁塔一定很壮观，尼罗河的风光一定很旖旎，还有令世人惊叹的埃及金字塔和让人赞不绝口的音乐之都维也纳……通过品书，我就可以周游世界了。这叫什么呢？叫书上的行走，还是地图上的旅行？我只知道，这样的感觉非常奇妙，它给我带来了极大的乐趣。这快乐来得经济又实惠，只需几本书和一张地图即可。然而，书上的行走或地图上的旅行都不过是纸上谈兵，哪有亲身体验来得真实、具体呢？

课本中学习"山呼海啸"一词时，感受并不深。后来看了印度洋发生海啸的网络视频，不禁惊叹：啊，原来"海啸"就是这样，来自于天地神力！那么"山呼"呢，又是什么样子？前不久，我去与世界屋脊青藏高原相邻的川北，经过海拔5000米的巴朗山巅，置身于雪山之中。下车，站在界碑前拍照，拍云海与雪山。"呼啦啦——呼啦啦——"置身其中，才从真正意义上体味出这种来自高原大山的崇高与博大，觉得此生没有白活。即使高原反应让人喘不过气来，仍会高兴得跳起来，大声呼喊："'山呼'啊，原来这就是你的样子！"只有亲身体验，才会感受到生命如此真实，也如此充实。

有条件便出去走走，约会田野阡陌，约会名山大川；或者参加各种正规团体组织的夏令营、冬令营，你会感受到：那里的阳光不打折，那里的时间货真价实。

近距离·远距离

大自然是个渊博的大课堂，它潜藏着无尽的智慧，供我们探索和发现。闲暇的时候，我会抛开烦恼，融入到大自然中，细心地收获大自然赠予的愉悦。

假日里，我有时一个人在家门口的公园随意转悠，有时央求爸爸妈妈开着车，带我去更远的地方。我们要么在郊外的湖边停留，要么在偏远的农舍驻足。

小时候的我好奇心很重，似乎有使不完的劲和问不完的问题。感觉最神奇的是蝌蚪变青蛙的过程。蝌蚪长长的尾巴越来越短，脚一对一对地长出来，从自在地游呀游变成快乐地蹦呀蹦，多么奇妙！牛反刍也是有趣的现象。吃到胃里去的东西居然还能吐出来嚼，多么有趣！而鸭子，和鸡一样长着翅膀，却由于有脚蹼而比鸡多了一样游泳本领，多么神奇！太多新鲜而美妙的现象，让我着迷……

这就是我眼中的大自然。不管距离是近还是远，只要走出家门，一切都是那么妙不可言。

大自然这个万花筒里面，有讲不完的故事，有玩不尽的游戏，有看不完的美景，有探索不尽的百科知识……我迫不及待地在我的日记、想象画和手工作品中表现它们，我要让它们有血有肉、栩栩如生。这一切，来得实在，来得逼真，来得鲜活。我从中领悟到的人生道理和学会的生活技巧是书本所不能教给我的。广博的大自然有取之不竭的珍宝，其中最重要的是，它提供给我的智慧之果。这，让我成为一个真正融入大自然怀抱的人。

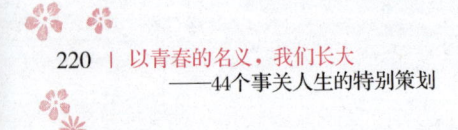

⚓ 谁都可以体验

生活不是白开水。在体验的过程中，生活变得丰富多彩。不要过于缩在父母的羽翼下，试着合理地安排自己的时间，试着游说父母与你一同行走。不要忽略身边的精彩，试着发现熟视无睹的事物中与众不同的品质。这样的体验，会让你的生活充满更多因新的发现而带来的乐趣。

身边也好，远方也好，不论身处何地，都不要纯粹为了看风景而去看风景。体验乞丐生活，你会懂得衣食无忧的珍贵；或去贫困农村走一走，跟那里的同龄人相处，体验他们的日常生活，你会懂得父母为你创造的条件来之不易；也可以跟邻家的哥哥收拾一些旧物去旧货市场，看看你这一天能收获些什么；去我国北方滑雪场滑滑雪，体验极速运动会带给你怎样的感受；甚至可以去阿富汗、尼泊尔，或切尔诺贝利核电站，体验一下，那里人们的生活，是怎样有别于我们……

旅行，是一个重新拾取、不断充实生命的过程。一旦坐上火车，就立刻疏离了熟悉的生活，静夜中的铁轨声带着我们暂时离开城市的喧嚣，去找寻那久违的心灵的宁静。行走在地球的各个角落，同时记录下世界各地的风土人情，久而久之，它们便成了我们生活中不可或缺的一部分。

喜欢旅游，带上敏锐的眼睛和体察入微的心，踏上一块块陌生的土地，这样可以让自己成为一个成熟而睿智的人，有着比别人更丰富的感情，更深厚的阅历和灿烂的心情。

去各地进行各种体验，这被人称为"社会旅游"。它可以见证我们的行动与思想。在这样的过程中，我们日趋成熟。

"出去走走，那神奇的土地，也记住了我……"还有什么比得上一番游历呢？

⚓ 尘衣主张

你也许喜好跋山涉水，也许只想散步或静坐，不管在怎样的情况下，你所见到的风景并非这边独好。近处也好，远方也罢，只有点亮心的华灯，成为大自然的知己，才能受到大自然的启迪，淋漓尽致地发挥智慧与善良，从而顿悟人生的真谛，让灵魂上升一个高度。你的智慧，你的良善，你的崇高，都能得到淋漓尽致的发挥与体现。你会胸襟开阔，渺小和悲壮在你面前微不足道。这甚至会影响到你身边的人——你们一起，可以营造一个和谐的世界。

风景不独好，远近总相宜。外面的阳光不打折。走吧，走吧，看世界无穷变化！还犹豫什么？出发了吗？出去走走吧，好风景，别错过！

❋ **小贴士：出行参考**

1. 出门备块姜。生姜可治牙痛、防冻疮、治关节疼痛、防晕车（船、飞机等）、治伤风感冒、治外伤出血、治胃寒痛、治烫伤、治中风休克等。

2. 用手表辨方向。按24小时计时法，看当时的时间除以2后的商数是几，然后将手表上的这个数对准太阳，表盘上"12"点所指的方向就是北方。

3. 谨防意外。尤其是夏天，要防止下列病症或其他意外：过敏症、中暑、热痉挛、溺水、紫外线伤害等。

4. 巧着装。着装宜宽松、轻便，衣服质地宜柔软、吸水性强。

爱旅行？有何心得？欢迎交流——记住，我在微信（chenyiacy）、微博（@尘衣）等你。

口袋里压岁钱在跳呀跳

"每条大街小巷，每个人的嘴里，见面第一句话，就是恭喜恭喜，恭喜恭喜恭喜你呀，恭喜恭喜恭喜你……"每当这一喜庆欢快的旋律在大街小巷飘来荡去时，每当与它有关的画面在电视荧屏上刷新着我们的视界时，我们知道——又要过年啦！

过年会让我们收获很多各不相同的快乐，比如会有新衣服穿，会吃到平时不敢奢望的新鲜东西，会收到早就盼望的电单车或其他心仪的物品，还有的会搬进宽敞明亮的新房……而在所有与过年有关的快乐中，有一样几乎每个孩子都会拥有的，那就是压岁钱。

现场直播：我们的压岁钱

下面是温暖同学的故事：

期末的主题班会出人意料，原定的"假期怎样过"的主题被"我们的压岁钱"取代了。很多同学疑惑一阵后，脸上的表情慢慢地转换，似乎写满了春节的喜庆。

班长刘帆看着同学们如晴雨表般变化着的脸，又看了看参加旁听的班主任，清了清嗓子，来了一段开场白："同学们，大家是不是最想知道，为什么临时改变班会主题呢？因为我觉得，现在，我们的祖国繁荣昌盛，大家的生活一年比一年好，爸爸妈妈和亲友给我们的压岁钱也越来越多，算起来还真是一笔不小的数字，如何处理它至关重要。现在我们来讨论一下，这笔名义上属于我们的钱，同学们有什么较好的处理方式呢？请大家各抒己见。"

同学们的兴趣一下子被提了起来，开始了七嘴八舌的讨论。

"我要捐给灾区人民。不，只捐一部分。"这是"大嗓门"罗立的声音。

"我不，我放进我的存钱罐。"立刻有个声音表示不同意见，是"小气鬼"刘征。

"哈哈，我要把所有的压岁钱都用来买纪念品。自己留一部分，送给同学一部分；要么大吃一顿，或者和几位要好的同学一起痛快地出去玩一次！""乐天派"陈辉的话向来不着边际，哈，你就猜去吧。

"我会买一辆赛车、一本书和一个暴龙机，剩下的自己留着。"李金看来计划得不错。

"我的存进银行，需要时取出来，还可以拿利息哩！""经济学家"温锐敏的观点确实与众不同，那可是"专家"级的。

"我先把钱放在床上，躺在上面睡上一觉后，再去书店、精品店、溜冰场……"

"我的一半用来买学习用品，一半给爸妈。"

"我去买喜欢的明星照片或者VCD！要不就去上网，嘿！"

大家说得这么热闹，有个人却一直坐在靠墙角的位置，一言不发，他是刘帆的堂弟刘舟。刘舟的父亲有病，母亲也下岗了，现在靠母亲摆小摊维持全家人的生活。这会儿，刘舟轻声地说："我认为压岁钱可以用来交学费，因为这样可以节省父母的血汗钱。"

我不知道要说些什么。我想起每年除夕，爸妈及很多亲友都要给我压岁钱，而爸妈也要给亲友的孩子们压岁钱，有时甚至比他们给我的还要多。我明白，这就是所谓的"来而不往，非礼也"的映照吧，这样的来来往往，确实使大家的亲情、友情浓酽几分。可是，去年我暗中计算过爸妈送出去的钱，比他俩一个月工资的总数还要超出几百，按代数中"等量代换"的说法，这相当于他们将这么多钱一次性给了我一个人啊。看着父母的笑脸，我的心中很不是滋味，很疼。

真的，我觉得自己完全可以从各个角度去理解、关心父母，但是我没有做到。想到这里，我对同学们说："我们不能光想着用压岁钱来玩，它让我们'一夜暴富'，但并不是我们自己堂堂正正地挣来的呀。今年过年的时候，我们不妨数数父母要派送多少压岁钱出去，这样，我们就会知道父母挣钱有多艰难，就会想着怎样来报答他们。"

"好！我非常同意温暖同学的话，真是说到我的心坎里了。"刘帆带头鼓起掌来。我看见班主任的脸上也露出了会心的微笑。我知道，大家的掌声其实也包含了对他们自己的理解与鼓励。

⚓ 焦点透视：压岁钱的来源

除了父母给我们压岁钱，还有其他人也会这样做。他们的身份不外乎以下几种：

第一种，父母的亲朋好友。他们出于对父母的真挚情感，通过给我们压岁钱来表达一份对我们的喜爱和与父母的亲密之情。

第二种，父母的同事或邻居。他们将压岁钱当成一种润滑剂，以此来增进同事、邻里之间的感情。

第三种，父母的一般朋友或远亲。他们可能仅仅是出于一种礼貌，不得已而维系一种表面的关系。

第四种，与父母有利益往来的人。他们希望通过给我们压岁钱，达到从父母身上谋取利益的目的。相对来说，他们给的压岁钱数目都不会小，这实质上是一种变相的行贿。

给压岁钱的人不同，导致了压岁钱各不相同的"身份"。我们要多思多想，多征求父母的意见，来决定收下或拒绝压岁钱。那些饱含着纯正的亲情与友情的压岁钱，我们当然可以喜笑颜开地收下，这不但是对维系我们家族血缘关系的确认和对"礼尚往来"等传统伦理的强调，也是对亲友的尊重；而那些带着"交易"色彩的压岁钱，要在给人面子的同时，坚决拒绝接受，如果父母立场不够坚定，要与他们说清道理，帮助他们做堂堂正正的人。

⚓ 尘衣主张

把压岁钱当作自我教育的契机

过年收到压岁钱，正是我们锻炼自己的应变、理财、情感识别等能力的好机会。我们完全可以通过对压岁钱的处理，来提高自己分析问题、解决问题的能力。压岁钱的处理方式有很多，如果我们能够制订一个合理的压岁钱的处理计划，不将它乱花，让它更有意义，起到更大的作用，不是更好吗？

大吃大喝不可取，但是利用压岁钱给亲友或老师同学买些节日礼物是可以的；或者学着去银行把钱存下来，在需要买文具、玩具等物品的时候，再去银行取出来；还可以拿出一部分，真心地帮助需要帮助的人；当然，将这笔钱全部由父母保管，然后用它来交学费，或买人身保险等也可以；还有，不妨利用压岁钱来培养自己良好的理财习惯，可以在父母的指导下去购买货币市场基金，培养你的理财意识，帮助你养成投资理财的好习惯。

如何对待钱或其他利益？这是我们人生道德大厦中一根很重要的支柱，因为我们的衣食住行，无不与它有关，压岁钱只是其中一个很小的方面。但是它能从侧面反映我们健康的金钱与是非观，以点带面，提升我们的文化品位，提高处事能力，作用不可小觑。

❋ 小调查：说出你亲历的有关压岁钱的故事

同学们与压岁钱有关的有趣故事一定不会少，如果感触颇深，不妨写下来。别吝啬你的目光，大胆地去发现吧！

别说你没得到过压岁钱。是怎样花的？欢迎交流——记住，我在微信（chenyiacy）、微博（@尘衣）等你。

最可爱的是你

⚓ 依昕的故事

少年梦

小时候跟玩伴李桨打赌：我能当兵。那时候，描写战斗的影片是最吸引我们的，中国人民解放军的形象在我们心中无比高大，几乎每个男孩子都因此做着一个相同的梦：长大后去参军。很多女孩子也有这样的梦，她们期盼自己穿上军装后，拥有让人称羡的飒爽英姿。

那时候我长得不高，李桨比我小半岁，却比我高出半个头。虽然外形上他占了优势，但我也不是那种轻言放弃的人。我既然也有一个这样的梦，就要执着地坚持下去。我的坚持引来了李桨的嘲笑。他说："就你那个儿，还想当兵？做梦吧！"

我个儿小，但有一颗倔强的心。李桨的话深深地刺痛了我。我扬起头，对他说："每个人做的都是梦！我就不信，我不能当兵！我一定能当兵！"李桨听了，哈哈大笑。他用食指刮着自己的脸蛋，说："好好，你继续做你的白日梦吧！"我也给他扔下一句："等我长到18岁再说！"

那一年，我12岁半，李桨12岁。我之所以说长到18岁，因为参军要求的年龄标准是年满18岁。当时离18岁还有5年半的时间，我想我的个子一定可以长到符合军人的身高标准。

18岁那年，我胸佩大红花，如愿以偿地进入军营。李桨却因为脚板是平的，没有足弓，视力也不够好而被军营拒之门外。那个赌，我赢了。

后来，我来到了现在的单位——一所国防大学，坚守着一名军人应有的信念，履行着一名军人神圣的职责。无论何时何地，我都不会忘记，自己曾经的少年梦。

8月1日是中国人民解放军建军节。让我们随着那个很多人做过的少年梦走近军营，走近那些为了保卫祖国、保卫人民而抛头颅、洒热血的人民子弟兵。

☆相关链接☆

"八一"建军节的由来

1927年4月12日和7月15日，蒋介石、汪精卫先后在南京和武汉发动"清共"行动，中共中央为了对抗国民党反动派的暴行，决定在南昌举行起义。同年8月1日凌晨，周恩来、朱德等指挥各路起义军向南昌发动进攻并取得胜利，打响了武装起义的第一枪。为了纪念武装革命的开始，1949年中华人民共和国成立后，8月1日被定为中国人民解放军建军节并沿用至今。

⚓ 有你的地方就安然无恙

洪灾中，你是渡江的船

1998年，我国一些地方遭受严重的洪涝灾害，长江发生了自1954年以来最严重的全流域性大洪水。在这场抗洪斗争中，中国人民解放军为了人民的利益，不顾高温酷暑，不顾血吸虫的侵害，跟洪水搏斗，经受了严峻的考验。在这场和平年代的战斗中，涌现出了许多可歌可泣的英雄事迹和模范人物。1998年8月1日，中国人民解放军某高炮团225营1连指导员高建成随部队参加抗洪抢险。在洪水到来的危急时刻，全体官兵只有一个念头：尽快赶到险段，抢救灾民。在湖北省嘉鱼县洲湾地段，因多日浸泡变得松散的大堤在管涌的压力下轰然决口，落差近10米的洪水挟裹着泥沙，以排山倒海之势汹涌而来。激流中，带病参加抢险的高建成指挥战士们迅速展开自救与互救，命令车上的战士和老百姓迅速转移。当高建成最后一个离开牵引车时，车子即被洪水吞没。而后，水性好的他毫不犹豫地跳入洪水中，接连搜救了多名群众和战友。最后，他因体力不支，献出了自己年仅33岁的生命。中央军委授予烈士高建成"抗洪英雄"荣誉称号和一级英模奖章，并号召全体官兵向他学习。

震灾中，你是不倒的墙

2008年5月12日，我国四川省汶川地区发生里氏8.0级大地震，一瞬间地动山摇，很多人痛失亲人和家园。面对如此巨大的灾难，全国各地的人们向灾区人民献出了爱心，许多志愿者奔赴抗震救灾前线。这又是一次没有硝烟的战争。如同10年前参加抗洪救灾一样，党中央、中央军委向震灾地区派出了精锐之师。时间就是生命，一切以人民的利益为重。空军某部出动战斗机搜救灾民，以最快的速度将受伤灾民送到医院，从灾魔手中抢夺回一个又一个生命。

51岁的特级飞行员邱光华有着近6000个小时的飞行经历。仅仅是在这次抗震救灾中，他就飞行63架（次），和机组人员一起先后向汶川、茂县、理县、卧龙、映秀、耿达、青川、北川、平武、安县等地运送救灾物资25.8吨，运送各类救援人员87人，转移受灾群众234名。"5·12"地震发生后，即将到龄停飞的邱光华主动找到团领导，要求到救灾一线去。从大地震发生当天起，邱光华6次飞赴茂县执行任务，每次都从家乡上空飞过，但他不曾回过一次家。一次抢运伤员时，机降点距家不足800米，在等待升空的间隙，他仍然没有离机回家。邱光华曾先后荣立二等功2次、三等功4次。2008年5月31日，驾机执行救灾任务的邱光华在抗震救灾过程中因飞机失事，不幸罹难，和机上其他4名战友一起，为人民献出了他们最宝贵的生命。

⚓ **尘衣主张**

在过去的烽火岁月中，是谁为了人民的自由而冲锋陷阵，哪怕缺水断粮也在所不辞？是谁为了给人民谋幸福而前仆后继，不惜牺牲自己的血肉之躯？魏巍老先生在朝鲜战场上亲历后，称谁为"最可爱的人"？不能说，处在和平年代就见不到战争；不能说，没有硝烟就不能成为战场。而今，每当人民有需要的时候，不管是洪灾、火灾还是冰灾，不管是旱灾、疫情还是地震，又是谁不畏艰险，勇往直前？

不知从何时开始，中国人民解放军多了一个昵称：人民子弟兵。在经历每一次考验的时候，他们都用自己的行动向世人证明，他们对得起这一不朽的称号。是的，军民鱼水情，大难见英雄——在人民眼中，军人就是自己的子弟；在灾难面前，军人就是挺直的脊梁！在又一个建军节到来之际，让我们再次记住：人民军队人民爱，没有人民的军队就没有人民的一切！

在人民眼中，最可爱的是你——我们的子弟兵！

❋ 小调查：军训与军人

1. 军训时，你的指导员是武警还是军校教员？请用几段话描述他的外貌与性格特征。

2. 你的亲人或朋友中有军人吗？他们身上有哪些特别的地方，有哪些值得你学习的地方？

你眼中最可爱的人又是什么样的呢？欢迎交流——记住，我在微信（chenyiacy）、微博（@尘衣）等你。

来啊，爱上阅读

除了从书中寻觅灵魂的栖息地，你，还会去何方流浪？——尘衣

读书破万卷，下笔如有神。——杜甫

学而不思则罔，思而不学则殆。——孔子

读书要口到、眼到、心到。——朱熹

读书时不可存心诘难作者，不可尽信书上所言，亦不可只为寻章摘句，而应推敲细思。——弗兰西斯·培根

如果我们从古人的书中发现什么好的东西，就要把它摘录下来。我们把能够这样彼此帮助着，认为是极大的收获。——苏格拉底

没有任何家具像书籍那样令人陶醉。——西德尼·史密斯

面对网吧，面对影院，面对追星，面对时尚轰击，面对掌上游戏等各种娱乐，面对十字路口闪烁的霓虹，你是否有过诱惑难拒？是否有过不知所措？是否有过盲目崇拜？别迷茫，我提议：来吧，让我们来读书；来啊，爱上阅读！

基于此，我走近他们。他们，有中学生，有自由撰稿人，有中文系博士生，有大学教授兼家长，有中学语文老师。来看看他们对于阅读，各有怎样的看法：

"长颈鹿LF"的小理想

阅读带给我智慧

我的阅读是从读图时代开始的。换句话说，我才几个月大时，便喜欢上了图

画书。那些图文并茂的彩色儿童读物最吸引我了。当时虽然看不懂，但没关系，那些花花绿绿很炫目呀，这就够了。后来妈妈慢慢教我认字。那其实还不能叫字，而仍然是图——妈妈教我认字的方式很特别，她让我把一个个字看成一幅幅图画。这样认字，留下的记忆特别深。会认整体的"字"画之后，开始学着对它进行拆分，于是，笔画的学习开始了。自然笔画也无形中成了画中画——"字"画中的画。嘿，大家是不是从我的经历中，弄明白了，笔画为什么叫笔"画"？这是不是比"用笔画出来"这样的解释更贴切？嗯，我真的为我聪明的妈妈和幸运的自己感动了……

上小学后，我已经有了自己专属的书柜。我将所有的书分门别类地摆好，光看着就是一种享受。小伙伴们来我家玩时，看到我的书柜，都很羡慕。因为，在我们那一带。很少有父母那么开明的，很多父母宁愿买无数的玩具，也不会引领孩子阅读。所以，我为有这样的父母而骄傲。我会常常邀请小伙伴们来，把所有书都跟他们分享。

看得多了，自然而然地学会了辨识书的价值。儿童读物其实也是良莠不齐的，有的是内容方面有问题，乱七八糟，看起来毫无感觉；有的是印刷质量不过关，这类多是盗版。印象深刻的是《伊索寓言》，到现在还百读不厌。《聊斋志异》《小王子》……安房直子、安徒生……小王子、孙悟空……越来越深奥，越来越复杂。

"读史使人明智，读诗使人聪慧。"阅读让我懂得如何思考，如何发现，如何化解矛盾。因为阅读，我变得自信；因为阅读，我变得淡定；因为阅读，我变得谦和——是阅读，教会我处事与做人；是阅读，教会我定位人生。

依然希望在以后的人生中，阅读带给我智慧。

⚓ "剑心"的自我拷问

阅读什么

除了漫画，还是漫画；除了网络，还是网络；除了游戏，还是游戏；除了哈

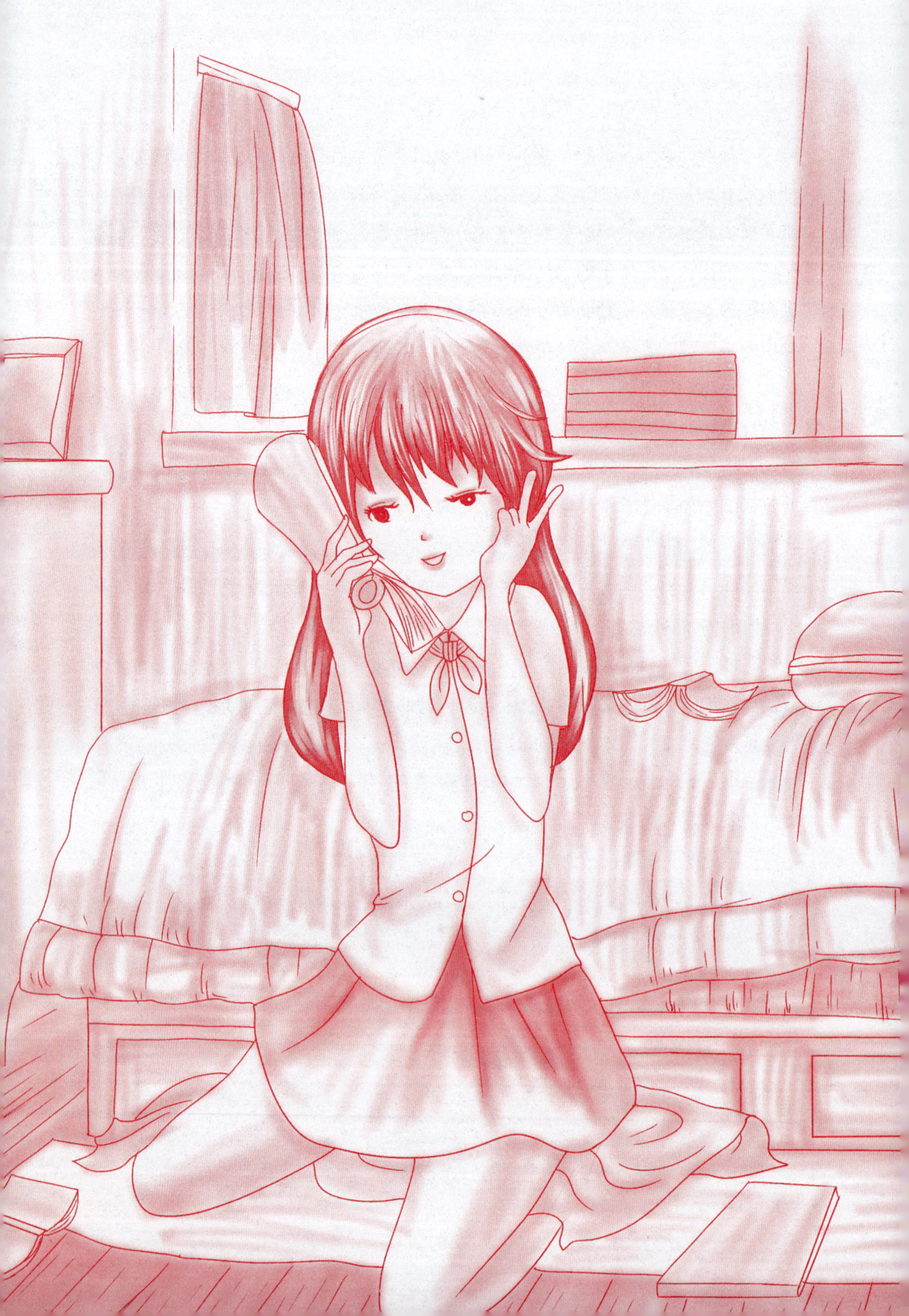

韩，还是哈韩；除了自拍，还是自拍……面对这一切的一切，我是该惊诧呢，还是惊诧？

少年时，爸爸是个"九品芝麻官"，对我们兄妹读书方面要求比较严；伯伯是个退休干部，笔墨纸砚，时常在侧；邻居大伯是历史原因而从北京回乡的，常常书不离手，《七侠五义》《穆桂英挂帅》等故事几乎没有重复的；姑父来做客时，若是恰好碰上被评为三好生，会得到他毫不吝啬地掏出的5张两毛钱，是为奖金……阅读的氛围就是这么营造起来的。《封神演义》是看得最入迷也是至今最耿耿于怀的——因为只有上册，下册遍寻而不得。由于念念不忘，下册故事当然早已通过各种渠道了解至烂熟，但只从影视及他人口传而知，至今不能得见当初版本作何描述。不得不说，堪称人生一憾！

正因为有此一憾，对阅读便更趋狂热，以至于狠下心来，赌了一气：自己写！

谈何容易？！这时，才发现过去"喝"的那些"墨水"、"吃"的那些"笔筒饭"，全不算个事儿！光凭那点底子，还真是薄之又薄。于是，疯狂地开始了真正意义上的阅读。史书、经典、国外名著……狠狠啃。阅读的乐趣越来越多，好处越来越显明，终于亲自验证了"读书破万卷，下笔如有神"的精妙所在。

这年头的中学生，有没有问过自己：读什么？

友情提醒：千万不要盲目跟风，一味地跟着流行走，否则，那些真正有用的知识会对你望而却步，让你赔了时间，还玷污了心灵。

⚓ "卢小雅"的经验谈

我与阅读

从小到大，我一直被人看作是与文字为伍的人，我自己似乎也很认同这种说法，用古人的话说，就是"性有所谙，不能相强"。我是拿起书就着魔，放下书就发呆，总之是一日无书不欢。

我看书是属于由着性子的那种。最早看的书是一些武侠小说、神话传说和民间故事。这些书其实也没什么不好，我便是从刀光剑影、腾云驾雾中，体会到了许多神奇瑰丽的想象。没有诗意的生活是很贫乏的，而在这些作品中，却有着世俗生活所不能拥有的美妙世界。小时候对科普著作也很喜欢，看到天花的治疗和显微镜的发明时，我都很激动，心想自己将来也要造福于人类。后来年龄大了，知道梦想是美丽而苦恼的，但是有梦总比没梦好。

直到上初中时我才显示出对文学真正的强烈兴趣，以后的阅读也渐渐有了转向，但是杂七杂八的书，我一样也没少看。现代社会就像五光十色的万花筒，我们都只能管窥一面。我这人比较贪心，总想比别人看到的更多一些。所以我如饥似渴地阅读。但我第一次被书深深打动，是看加缪的《局外人》。看完之后的好几天都魂不守舍，不知今是何世。

"书籍是人类进步的阶梯。"但是，如果把看书的目的功利化，那势必减少看书的许多乐趣。唐诗宋词也好，秦砖汉瓦也好，魔幻现实也好，心灵鸡汤也好，每个人可以根据自己的喜好轻松地读一些书。书能够增长人的智慧，这是一个事实。但是智慧并不是埋着头就能看出来的，它还需要性情的催发，人生的历练。什么时候我们能够学会微笑着面对生活，什么时候我们才算读懂了人生这本大书。

⚓ "舒地"的宝贵建议

读书的自由即思想的自由

在高校中文系担任教授，女儿则刚刚成为一名中学生。在女儿阅读方面的个人体会，是不拘泥，引导她眼光扫向书本，且不抹杀她的阅读兴趣。

女儿不像其他女孩子那样小情调，大大咧咧的，说话大嗓门，很"假小子"。从小学高年级开始，女儿最喜欢读的便不再是童话、故事书，而是历史类书籍，她对历史，几乎着迷。什么童话、少年作文辅导等，在现在的她眼中，就是小儿科。

举一反三是女儿的一个良好阅读方法。进入中学后，每学一课，她都会主动去网上搜索与作者和课文有关的一切，什么创作背景、时代特色，都弄得一清二楚。然后，她会给我和她妈妈谈论这一课，有的内容甚至我们都没了解到。我为孩子的阅读主动性高兴，也为她越来越成熟、独立而骄傲。

伴随着女儿阅读的，便是买书。她自己的阅读已经相当敏锐，买书便不太需要我们参考。大多数买书的时间都放在周末，她自己骑着小自行车去书店或图书市场买。买书的过程便是选择的过程，是体现品位的过程，同时也是锻炼社交能力的过程。值得放心的是，内容不健康的书不会出现在她的购书单中。

另外，我还会拿出一部分钱，给她订一些杂志，文学类的、社会新闻类的，由她自主订阅。看多了杂志，她也会试着投稿。至今，已经发表散文与评论30多篇。

广泛的阅读自然会影响到她的方方面面。在学校，她通过竞选当上了学生会副主席，每个月策划一个大型活动，都搞得有声有色。这一切，对她的社会活动能力都是不无裨益的。

女儿和我之间，就像朋友一样，无话不谈。有一次，她神秘兮兮地对我说："老爸，你猜今天老班跟我说什么了？"我说："那当然是值得高兴的事喽。"女儿笑嘻嘻地说："是的，还跟你有关！"原来，班主任问她，在阅读方面，家庭的影响怎样。女儿是这样回答的："我的老爸老妈，给了我读书的自由，也给了我思想的自由。"

女儿所说的，或许正是我所做的吧。

"丑铭"有话说

书就在那里，好好阅读

近几年，微博、微信上面每年都会有"中学生必读书目""大学生必读书目""给中学生的书单""给大学生的书单"。荐书的有名家，有知名媒体，有公众号。没有时间选择？人家已经帮你选好了。没有时间阅读？你不"必读"几本还真说不过去。何况，上面很多书还是相当值得一读的。

这让我的思绪，不得不回到过去的时日。那时，乡下的阅读土壤贫瘠，就算喜好阅读，但要借到一本好书真是太难，想要拥有那更是难于登天了。为此，我一介少年书生，竟也无声地哭过多回。如果有幸得到一本好书，废寝忘食便是情理之中的事了。有一次，借到一本书，人家要求第二天还。怎么办？挑灯夜读，又怕家里责骂。于是，谎称要起夜，拿着父亲才上了新电池的手电筒，躲在被窝里，如饥似渴。书读完，手电筒黯淡了，天也亮了。免不了会招来责骂，但说一句"可能是不小心碰开了手电筒开关"，也是能得到原谅的。

现在的青少年相比我们那时，阅读的幸福感真是甩开我们十万八千里。书店、图书城、图画读物、有声读物、电子杂志、掌上阅读……随时随地，想读就有。

是的，书就在那里。眼花缭乱、目不暇接怎么办？好好阅读。好好阅读，指静心阅读，不急不躁；指读堪称精品的书，细品深究；指读的同时，脑中进行分析甚至再创作，进行思想延伸……杂不要紧，多不要紧，博览群书是包含了杂与多的。能在杂与多中寻找要点、重点、难点，阅读无疑便上去几个层次。

信息爆炸加上知识爆炸，青少年确实处在一个好时代。阅读得好，自然能自其中品味做人的法宝。千万不要会读书，却将智慧用于尔虞我诈，机关算尽。如此，终不算真正的好好阅读。读品好，人品也好，学问与修养齐修的人，方为懂得阅读，懂得做人，也一定能够成大器的人。

⚓ 尘衣主张

生命中有了书就会多一笔财富，少一些迷惘，多一分成功的把握，少一抹虚浮……来吧，让我们来读书，读好书！来啊，让我们爱上阅读！

做个爱读书的人有什么不对吗？欢迎交流——记住，我在微信（chenyiacy）、微博（@尘衣）等你。

让感恩相伴一生

猫故事

在一个寒冷的冬夜,一只母猫在一户陌生人家的门口生下了几只小猫,小猫身子蜷曲着,在寒风中瑟瑟发抖,本能地抢着往母猫怀里钻。第二天早晨,这家的女主人发现了它们。刚生完小猫的母猫以为女主人要来伤害它们,它母性大发,全身的毛倒竖,随时准备为了自己的孩子而跟女主人拼命。女主人见状,顿生感动与怜悯。她给这可爱的一家子抱来一床旧毛毯,又拿来一些食物。母猫见她友善,消除了对她的敌意。

它们在女主人家住了下来。

女主人天天照顾它们,小猫一天比一天大,冬季就在这温暖的关爱下不知不觉地过去了。有一天,当女主人一如往常地来喂猫时,不见猫一家了。它们悄悄地搬走了。善良的女主人没有因此感到惋惜,因为她想,猫一定是找到了更好的生存环境。

后来的日子却不太平静。有一天,女主人忽然发现自家屋门口出现了一条鱼,而她不知道送鱼的是谁。当这种事情接二连三地发生时,她不禁感到惊讶了。

有一天夜里,她决定探个究竟。

就在她刚刚藏好身子时,她看到一只猫衔着一条鱼,正缓缓地向她家走来⋯⋯

正是那只母猫。它把鱼放下后,坐下来,静静地凝视着这座曾经给它以温暖的房子。好一会儿,它才又缓缓地离去,悄无声息地消失在夜色中。

从这个故事中，我们看到了温暖与爱，看到了感恩。看了这个故事，你是否想到自己身上曾经发生过的一些感人故事，是否因为这些故事而有了一颗感恩的心呢？

⚓ 满怀感恩之心

妈妈，月光之下，静静地，我想你了，静静淌在血里的牵挂。妈妈，你的怀抱，我一生爱的襁褓，有你晒过的衣服味道。妈妈，月亮之下，有了你我才有家，离别虽半步即是天涯。思念，何必泪眼，爱长长，长过天年，幸福生于会痛的心田。天之大，唯有你的爱是完美无瑕；天之涯，记得你用心传话。天之大，唯有你的爱我交给了他，让他的笑像极了妈妈。天之大，唯有你的爱是完美无瑕；天之涯，记得你……

网络上疯传一段视频，是一位七八岁的小男孩深情演绎的《天之大》（由毛阿敏原唱）。男孩字字声声，每一个表情都充满了对妈妈的爱。他说，因为妈妈爱他，所以常常感动，甚至落泪。我们家乡有句俗谚："只有瓜里有子，不见子里有瓜。"意思是，父母对子女的爱，无可比拟，子女对父母的反哺之爱，终究难及父母对子女的全心全意。是的，父母之爱，真挚无私。既然父母给了我们爱，我们为什么不能有一颗感恩的心呢？

先说母爱吧。你生病了，疼的是她；你长高了，乐的是她；你有成绩了，骄傲的是她……而父爱呢？虽然不曾如母爱般缠绵，但更简单，更震撼，更难忘——他会为你的成长买单，为你的身体补充养料，为你的理想助力……

例子大家自己来举吧。总之，了解父母爱之伟大，才会懂得感恩，懂得心与心的碰撞，从而迸发出爱的火花。

跟父母最亲近，所以，父母是我们心怀感恩的首要对象。而后，会遇上其他亲人，遇上师长，遇上那些帮助我们的人。他们，都曾为我们付出真爱。在我们所遭遇过的如溪水般长流的爱的感召下，我们同样会如同对父母一般，产生一种名叫感恩的情愫。

感恩是美德，用满怀感恩的心去感受世间的亲情、友情和恩情，在接受他人的援助、支持和关爱后，给他人以回报（哪怕只是一个笑容）……对人和自然界中的一切生灵，试着去尊重，试着去负责，试着去怜悯……只要人人拥有一颗感恩的心，这个世界定然会增添很多温暖，我们所处的社会也会变得更加和谐。

⚓ 学会感恩

《牛津词典》对"感恩"二字给出的定义是："乐于把得到好处的感激呈现出来且回馈他人。"人的感恩之心一般始于最原始、最本能的情感，那就是对父母的感激之情。

学会感恩，光对父母心怀感恩还远远不够，它需要我们怀有责任意识和自主意识，从而将感恩之心延伸到父母以外的世界：譬如亲友、师长，甚至是陌生的朋友、读过的好书以及曾经见过的一株花草和曾经拥有过的一只宠物。

我们大多身为独生子女，是家庭的中心。我们在一片呵护中慢慢长大，我们可能因此而只知道索要爱，不知道付出爱。其实，忽略身边的爱，眼里只有自己而没有他人，会使我们的心变得畸形。如果怀有一颗感恩的心，我们的心就会变得博大，我们的世界也会因此而变得更宽广。

有的人即使对曾经伤害过自己的人也心怀感恩。他会说："感谢蔑视我的人，他唤醒了我的自尊；感谢不爱我的人，他让我学会了自爱；感谢伤害我的人，他磨炼了我的意志；感谢欺骗我的人，他增进了我的智慧；感谢遗弃我的人，他使我学会了独立；感谢鞭打我的人，他激发了我的斗志；感谢关爱我的人，他让我得到了幸福；感谢让我爱的人，他让我学会了珍惜……"这是一种很高的境界。不过，只要时刻拥有一颗感恩的心，你我都可以达到这样的境界。

学会感恩吧，让自己变得更精彩，让这个世界变得更美好！

从此刻起，请试着去感恩——对一切值得你感恩的人、事、物。欢迎你把经过或心得写下来，与大家分享。

🕭 尘衣主张

我国有"羊跪乳，鸦反哺"的古训。动物尚且如此，何况是智商和情商都极高的人呢？感恩，应该是我们做人的基本道德准则，是立足于这个社会的精神底色，更是人生成功最起码的支点。人与人之间如果缺乏感恩之心，必然会导致人际关系的冷淡与疏远，这不利于我们的成长，也不利于社会的和谐。所以，每个人都应该学会感恩。请记住，在我们的人生中，有3件事必须要做，那就是：用宽容的心对待世界，对待生活；用快乐的心创造世界，改变生活；用感恩的心感受世界，感受生活！

受过人恩？有恩于人？怎样看"恩情"二字，又怎样看"感恩"二字？欢迎交流——记住，我在微信（chenyiacy）、微博（@尘衣）等你。

见你金子般的心，也为谈心栏目由你来主持而高兴。我想即使那个女孩难以获得真正的恢复性整容，她也会永远记得你，从你的信中获得安慰——我相信你那封信写得足够安慰她。

——清华大学中文系教授　杨　民

尘衣的文字里，总有一股非常细腻的柔情，正如我们第一次见面后，她留存给我的印象。而且，一直以来，她坚持以自由的心灵，温婉地解读孩子们的内心世界，或者通过网络解答他们的问题，甚至不遗余力帮助他们达成心愿。她，不愧是孩子们的青春解读人、知心好姐姐。

——红网评论部主任　王小杨

尘衣？非常有热情，对世界怀抱着新奇感。也许是和职业有关，但我更相信，这是人本身具备的力量，只不过在她身上保存得如此鲜美。令人羡慕。

——书评人、策展人　袁复生

用才女来形容尘衣似乎有些泛，但我一时又想不出更好的词儿。她若站在那儿，给人的印象就是暖意融融的阳春三月。走近她，你就会知道这个才女有多么鲜活和精彩！

——资深编辑　青鸟

致尘衣老师感谢词：有一种衣服叫尘衣，有一种相聚叫有约，有一种探秘叫认识，有一种努力叫挽救。尘衣老师用她的文字，用她的心灵，挽救了大量对前路充满迷茫的青少年。

——公益组织　茉莉花论坛

尘衣，很脱俗的名字。尘衣的笑有种孩子似的羞涩和可爱。大多的时候，我看她都很安静。安静的尘衣，有股淡淡的忧愁。所以，我一直很关注这如烟的女子。

——湖南作家网　流水无声

素手看尘衣，天使在人间。

——新浪锐博　HMF